Materiallehre

für die

Textilindustrie

enthaltend die

Rohstoffe sowie die Herstellung und Untersuchung der Gespinste.

Zum Gebrauche an Webeschulen und für Praktiker

von

Joseph Spennrath,

weil. Direktor der Gewerblichen Schulen der Stadt Aachen
und der Königl. Baugewerkschule, Lehrer für Materiallehre und Chemie
an der Preussischen höheren Webeschule in Aachen.

Mit 83 Abbildungen im Text.

Dritte verbesserte Auflage

von

Professor Max Gürtler,
Geheimer Regierungsrat.

BERLIN W.

Verlag von M. Krayn.

1920.

Druck von H. Laupp jr in Tübingen.

Vorrede.

Die vor einigen Jahren in Angriff genommene erfolgreiche Neuorganisation der preussischen Fachschulen für Textilindustrie gab Veranlassung, in den Lehrplan dieser Schulen die Materiallehre, d. h. die systematische Darlegung der Rohstoffe und ihrer Verarbeitung zu Gespinsten, als besonderen Unterrichtsgegenstand einzufügen. Ueber die Notwendigkeit und Zweckmässigkeit dieser Einrichtung besteht bei den Fachgenossen keine Meinungsverschiedenheit. Mehr aber als bei den übrigen Lehrfächern der Webeschulen macht sich bei diesem Gegenstand das Bedürfnis geltend, dem Schüler ein Hilfsmittel in Form eines Leitfadens in die Hand zu geben. Für die Schüler der höheren Webeschule in Aachen hatte ich deshalb einen derartigen Leitfaden verfasst und in Gebrauch gegeben. Von der Königl. Lehrmittelanstalt für die preuss. Fachschulen der Textilindustrie erhielt ich daraufhin den ehrenvollen Auftrag, dieses Buch so umzuarbeiten und zu erweitern, dass es auch an den übrigen preussischen Webeschulen, deren Lehrpensum teilweise ein anderes ist, benutzt werden könnte.

Indem ich die Arbeit hiermit der Oeffentlichkeit übergebe, bitte ich die Direktoren und Fachlehrer der Webeschulen sowie auch Interessenten aus der Praxis um wohlwollende Beurteilung und insbesondere um freundliche Mitteilung von Material, durch welches Unvollkommenheiten beseitigt und etwaige Lücken ausgefüllt werden können. Jede Mitteilung wird schätzbar sein und jeder Wunsch bereitwilligst berücksichtigt werden.

Den Lehrern an der hiesigen höheren Webeschule, Herren Weber und Repenning, bin ich für ihre freundliche Unterstützung zu Dank verpflichtet. Ersterer hat die mikrophotographischen Aufnahmen der Gespinstfasern, letzterer eine Anzahl Zeichnungen druckfertig hergestellt. Besonderen Dank schulde ich auch der Königl. Lehrmittelanstalt für die preussischen Fachschulen der Textilindustrie, welche die Benutzung der von ihr herausgegebenen Lehrmittel bereitwillig gestattet hat.

Aachen, im Juni 1899.

Spennrath.

Vorwort zur zweiten Auflage.

Nachdem die erste Auflage bei allen Interessenten gute Aufnahme gefunden hat, welche die gehegten Erwartungen weit übertroffen hat, wird hiermit die zweite Auflage dem Druck übergeben. In wesentlichen Dingen unterscheidet sie sich wenig von der ersten; jedoch ist alles, was geeignet schien, dem Buche für die Bedürfnisse der Textilfachschulen und der Praxis eine erhöhte Brauchbarkeit zu geben, sorgfältig berücksichtigt worden. Gleich meinem verstorbenen Vater bitte ich um freundliche Aufnahme und wohlwollende Beurteilung des Werkes, und auch ich werde für jeden Wink, der zur Vervollkommnung des Buches dienen kann, dankbar sein.

Aachen, im Mai 1907.

Joseph Spennrath.

Vorwort zur dritten Auflage.

Von dem Verlage wurde ich aufgefordert, eine Neubearbeitung des vorliegenden Werkes zu übernehmen, da die zweite Auflage vergriffen ist. Dieser Aufgabe habe ich mich gern unterzogen, denn der von mir hochgeschätzte Verfasser ist im Jahre 1899 zu seiner Arbeit durch die ehemalige Königliche Lehrmittelanstalt für die preussischen Fachschulen der Textilindustrie angeregt worden, deren Leitung mir damals oblag. Er hat auch die von dieser Anstalt herausgegebenen Lehrmittel in ausgedehntem Umfang benutzen dürfen. Ich konnte deshalb schon damals als Mitverfasser angesprochen werden.

Der erste Hauptteil des Werkes, Einteilung der Rohstoffe, bedurfte teilweise einer durchgreifenden Umarbeitung, da sich auf diesem Gebiete seit Herausgabe der zweiten Auflage, also in 12 Jahren, vieles geändert hat. Ich erwähne nur die Fortschritte bei der Flachsgewinnung und bei der Kunstseide.

Beim zweiten Hauptteil, Verarbeitung der Rohstoffe zu Gespinsten, konnte ich mich auf geringere Umänderungen beschränken, es mußte aber die Verarbeitung der Holzzellulose zu Garnen hinzugefügt werden.

Ich hoffe, dass sich das Werk auch im neuen Gewande einer ebenso guten Aufnahme wie bisher erfreuen wird.

Berlin-Lichterfelde, im Juni 1919.

Max Gürtler.

Einteilung der Rohstoffe.

Die in der Textil-Industrie zur Verwendung kommenden Rohstoffe zerfallen ihrer Natur nach in drei Gruppen, nämlich in:

1. mineralische,
2. pflanzliche,
3. tierische,
4. künstliche.

1. Mineralische Rohstoffe.

Die der unorganischen Natur angehörenden Rohstoffe haben für die Textil-Industrie nur untergeordnete Bedeutung.

Ihr hohes spez. Gewicht, ihre Härte und Steifheit, sowie ihr verhältnismässig grosses Wärmeleitungsvermögen machen sie zu gewöhnlichen Kleidungsstücken ungeeignet, abgesehen von sonstigen Unvollkommenheiten, die einzelnen von ihnen besonders anhaften. Die in Betracht kommenden Stoffe sind: Asbest, Glas und Metalle.

Der Asbest besteht wesentlich aus kieselsaurer Magnesia und kieselsaurem Kalk und kommt in vielen Arten vor, die man nach dem Gestein, in dem sie eingebettet sind, in zwei Gruppen einteilt, Hornblende- und Serpentin-Asbest. Letzterer ist für die Textilindustrie der wichtigere. Er ist zusammengesetzt aus langen, parallel liegenden und lose miteinander verbundenen seidenglänzenden, feinen Fasern, die sich leicht trennen lassen, aber ziemlich spröde sind, so dass sie sich schwer verspinnen. Deshalb vermischt man sie gewöhnlich mit Flachs, und zerstört letzteren hernach in dem Garn oder Gewebe durch Verbrennen, wobei der unverbrennbare Asbest zurückbleibt.

Asbest wird zu Kleidungsstücken für Feuerleute und Arbeiter in feuergefährlichen Betrieben, zu unverbrennbaren Handschuhen und Theaterdekorationen verarbeitet und auch zu Dichtungen benutzt, namentlich dann, wenn sie hohen Hitzegraden ausgesetzt sind.

Kanada und Sibirien liefern den größten Teil des Weltbedarfs an Asbest.

Das Glas hat die Eigenschaft, in der Glühhitze zu einer äusserst zähen Masse zu erweichen, die sich zu Fäden von grosser Feinheit ausziehen lässt. Die Glasspinnerei besteht darin, dass man mit Hilfe eines Glasstabes aus einer glühenden zähflüssigen Glasmasse einen Faden zieht und diesen auf den Umfang eines bereitstehenden, schnell umlaufenden Haspels wirft. Der Haspel zieht immer neuen Faden aus der Glasmasse und wickelt ihn auf. Gewebe, die nur aus Glasfäden bestehen, kommen kaum vor, jedoch werden Glasfäden in gewissen Stoffen vereinzelt zu besonderen Wirkungen benutzt, wofür sie wegen ihres eigenartigen Glanzes und ihrer Fähigkeit, sich satt und blendend zu färben, besonders geeignet sind.

Bei der Verwendung der Metalle zu Geweben muss zwischen Geweben, die nur aus Metallfäden oder Drähten bestehen, und solchen unterschieden werden, die Fäden aus tierischen und pflanzlichen Rohstoffen und metallene Zierfäden enthalten. Die Herstellung der eigentlichen Metallgewebe und -Geflechte, die zu Sieben, Schutzgittern usw. Verwendung finden und für die unedle Metalle (Eisen, Kupfer und Messing) benutzt werden, wird der Textilindustrie nicht zugerechnet. Die metallischen Zierfäden bestehen vorwiegend aus edlen Metallen. Hier kommen entweder echte Silberdrähte aus reinem Silber oder Golddrähte zur Verwendung, die aber nicht aus reinem Gold, sondern aus vergoldeten Silberdrähten bestehen. Ferner benutzt man silber- oder goldplattierte, sog. leonische Drähte, bei denen das echte Metall auf Kupferdrähte aufgebracht ist. Endlich werden alle genannten Drähte durch Plätten in Flachdrähte, Lahn genannt, verwandelt und in diesem Zustande verarbeitet.

Meistens verwendet man die Rund- oder Flachdrähte nicht allein für sich, sondern wickelt sie in spiralförmigen Windungen auf eine Seele auf, die vorwiegend aus Seide besteht.

Die Zierfäden benutzt man für Borten, Tressen und Schnüre, für Erzeugnisse der Posamentenindustrie und für Brokatgewebe.

2. Pflanzliche Rohstoffe.

Die Gespinstfasern, die dem Pflanzenreich entnommen werden, bilden eine grosse Gruppe, und gehören zum Teil mit Rücksicht auf den ungeheuren stetig wachsenden Umfang ihrer Verwertung, zu den wichtigsten Rohstoffen der Textilindustrie.

Die eigentlichen Gespinstfasern sind ausnahmslos langgestreckte, röhrenförmige Pflanzenzellen, deren Wandungen sämtlich aus demselben Grundstoff aufgebaut sind.

Dieser Baustoff ist der Pflanzenzellstoff, gewöhnlich Zellulose genannt. Er gehört chemisch zu der Gruppe der Kohlenhydrate und hat die prozentische Zusammensetzung $C_6H_{10}O_5$. Nach Angabe dieser Formel erhält er:

Kohlenstoff	44,44 %
Wasserstoff	6,18 %
Sauerstoff	49,38 %
	100,00 %

So wie uns jedoch die Gespinstfasern von der Natur geboten werden, oder wie wir sie aus den Pflanzen gewinnen, sind sie niemals reiner Zellstoff, sie enthalten vielmehr fremde Beimengungen, wie Harz, Pflanzengummi, Holzstoff, mineralische Stoffe u. a. Sie müssen deshalb in den meisten Fällen vor ihrer Verwendung zu Gespinsten von diesen fremden Bestandteilen befreit werden. Diese Arbeit ist je nach der Menge des vorhandenen Holzstoffs und dem Grade der Festigkeit, mit der er der Pflanzenfaser anhaftet, mühevoll und zeitraubend. So macht z. B. die Baumwollfaser, der nur Spuren von Holzstoff beigemengt sind, eine eigentliche Entholzung unnötig, während andere wie Flachs, Hanf, Chinagras eine umständliche Arbeit erfordern, um die Faser frei zu machen.

Die äussere Gestaltung der einzelnen Gespinstfasern ist verschieden und hierdurch ist es möglich, sie bei starker Vergrösserung unter dem Mikroskop voneinander zu unterscheiden.

Zu den Rohstoffen pflanzlichen Ursprungs gehören ausser den eigentlichen Fasern noch Torf, Holz, Stroh, Kautschuck und neuerdings Holzzellstoff (Holzzellulose).

Nach der Art ihres Vorkommens an und in der Pflanze teilt man die pflanzlichen Gespinstfasern zweckmässig ein in:

a) Samenfasern,
b) Bastfasern,
c) Fruchtfasern,
d) Sonstige Fasern.

a) Samenfasern.

Als Samenfasern bezeichnet man die haarförmigen Gebilde, die bei vielen Pflanzen die Samenkörner umgeben. Bis heute werden nur die Samenfasern einer einzigen Pflanzengattung als Gespinstfasern benutzt, nämlich die der Baumwolle. Die Baumwollpflanze (Gossypium) gehört botanisch zu den Malvengewächsen und kommt in verschiedenen Arten vor. Durch Kreuzungen sind eine grössere Anzahl von Abarten entstanden, die teilweise kaum noch bestimmbar sind. Die Pflanze kommt als Baum, Strauch oder Kraut vor und gehört der wärmeren Zone an. Die Frucht ist eine drei- bis fünffächerige Kapsel von Wallnussgrösse mit 3—5 Samenkörnern von Erbsengrösse in jedem Fach. An diesen Samenkörnern hängen die zarten Fasern, die wir Baumwolle nennen. Bei der Reife springt die Kapsel auf, und die Fasern quillen vermöge ihrer natürlichen Elastizität hervor. Die Kapseln kommen nicht alle zu derselben Zeit zur Reife, so dass die Ernte sich über einen längeren Zeitraum erstreckt.

Das Verbreitungsgebiet der Baumwollkultur dehnt sich ungefähr bis zum 40. Breitengrade nördlich und südlich vom Aequator aus, ohne jedoch an diese Grenzen strenge gebunden zu sein.

Für den Baumwollhandel und die Baumwollindustrie kommt die botanische Einteilung der Pflanze nicht in Betracht. Massgebend sind hier die Herkunft und Beschaffenheit der Faser. Die in dieser Beziehung in England übliche Einteilung ist auch von der deutschen Baumwollindustrie, deren Haupthandelsplatz Bremen geworden ist, angenommen worden. Die Preisliste der „Liverpool Cotton Association" unterscheidet wie folgt:

a) Baumwolle aus den Vereinigten Staaten von Nordamerika:

1. Sea Island von den Inseln an der Küste von Georgia, Südcarolina und Florida. Beste aller Baumwollsorten, fein, seidenartig glänzend, weiss bis schwach gelblich. Faserlänge bis 55 mm.

2. Florida aus dem Küstengebiet von Florida, ähnlich der vorigen. Faserlänge bis 46 mm.

3. Upland aus Georgia und Südcarolina. Fein, weiss bis leicht gelblich. Faserlänge bis 28 mm.

4. Mobile aus Alabama und den benachbarten Staaten, ähnlich der vorigen. Faserlänge bis 27 mm.

5. Texas aus Texas, fein und kräftig, weiss bis leicht gelblich. Faserlänge bis 26 mm.

6. Orleans aus Louisiana und Mississippi. Vorzügliche Sorte, fein, weiss bis leicht gelblich. Faserlänge bis 28 mm.

b) Brasilianische Baumwolle. Die sämtlichen brasilianischen Sorten stammen von einer und derselben Art, nämlich von Gossypium peruvianum. Die Fasern sind kräftig, fühlen sich aber weniger weich an, als die nordamerikanische Baumwolle. Die Farbe ist weiss bis gelblich. Man unterscheidet im Handel: 1. Pernam, 2. Ceara und Aracaty, 3. Paraiba und Maceio, 4. Rio Grande, 5. Bahia und Aracaja, 6. Maranham.

c) Aegyptische Baumwolle: 1. Gallini, 2. Egyptian brown, 3. Egyptian white.

d) Westindische Baumwolle: 1. West Indian, 2. Hayti.

e) Südamerikanische oder Perubaumwolle: 1. Rough Peruvian, 2. Smooth Peruvian, 3. Sea Island Peruvian.

f) Ostindische Baumwolle: 1. Hinghenghaut, 2. Dharwar, 3. Broach, 4. Dhollerah, 5. Oomra, 6. Veravul, 7. Comptah, 8. Scinde, 9. Bengal, 10. Tinnivelly, 11. Western.

Die ostindischen Baumwollen gelten im Handel als die schlechtesten. Sie haben im allgemeinen die geringste Faserlänge, sind hart, rauh, glanzlos in Farbe, dabei meistens schlecht gereinigt.

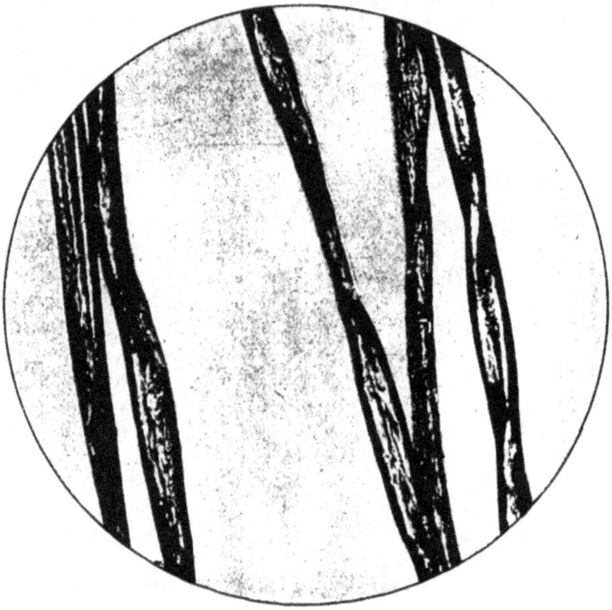

Fig. 1. Nordamerikanische Baumwolle. Mikrophotogr. Aufnahme nach der Natur

g) Australische Baumwolle nähert sich in ihren Eigenschaften der amerikanischen Sea Island, ist aber weniger kräftig. Die Faserlänge ist unregelmässig, geht bis 48 mm. Man unterscheidet im Handel Fidschi Sea Island und Tahiti Sea Island.

h) Afrikanische Baumwolle aus Port Natal, Liberia, der Westküste Afrikas, sowie neuerdings aus den Kolonien Togo, Ostafrika und Kamerun.

i) Baumwolle aus der Levante, im Handel Smyrna genannt, von den griechischen Inseln, sowie aus der Levante.

Für die Güte der einzelnen Sorten sind besondere Handelsbezeichnungen üblich. Auch hier sind die englischen Bezeichnungen allgemein gültig geworden. Die „Liverpool Cotton Association“ unterscheidet für:

1. Nordamerikanische Sea Island: ordinary, common, medium, good medium, medium fine, extra fine.

2. Sonstige Baumwolle aus Nordamerika: ordinary, good ordinary, low middling, middling, good middling, middling fair.

3. Brasilianische Baumwolle: middling, middling fair, fair, good fair, good, fine.

4. Aegyptische und Smyrna-Baumwolle: ordinary, middling fair, good fair, good, fine, extra fine.

5. Westindische, afrikanische, australische und Peru-Baumwolle: ordinary, middling fair, fair, good fair, good.

6. Ostindische Baumwolle: fair, fully fair, good fair, fully good fair, good, fully good, fine.

Ernteabfälle kommen unter dem Namen Linters und durch Zerreissen der Baumwollballenhüllen schmutzig gewordene Baumwolle unter dem Namen Pickings in den Handel.

Unter dem Mikroskop zeigt die Baumwollfaser bei 300facher Vergrösserung im natürlichen Zustande das in der Fig. 1 dargestellte Bild. Sie bildet einen plattgedrückten Schlauch und erscheint daher bandförmig mit gewulsteten Rändern. Ausserdem ist sie korkzieherartig um ihre Längsachse gewunden. Hieran kann sie sofort unzweideutig erkannt werden.

Eine eigenartige Veränderung erfährt die Baumwollfaser, wenn sie mit ätzenden Alkalien — Kali — oder Natronlauge — behandelt wird; sie quillt auf, verkürzt sich und wird fester. Diese Beobachtung machte Mercer im Jahre 1844. Später fand man, dass die Baumwolle einen bleibenden, seidenartigen Glanz annimmt, wenn man sie beim oder nach dem Tränken mit der Lauge etwa 2—3% über ihre ursprüngliche Länge streckt und vor dem Aufheben der Streckung die Lauge abspült. Die Glanzwirkung, die am besten bei langstapeliger Baumwolle z. B. ägyptischer Mako-Baumwolle ausfällt, ist darauf begründet, dass die Fasern eine zylindrische und glatte Form annehmen, wie Fig. 2 zeigt. Man nennt das Verfahren Mercerisieren und wendet es sowohl bei Garnen als Geweben an. Es wird heute in grossem Umfange ausgeführt.

Beim Kochen der Baumwolle mit alkalischen Laugen wird ein harzartiger Körper von gelber Farbe, das Baumwollwachs, ausgezogen.

Die Samenkörner der Baumwolle sind stark ölhaltig und liefern das unter dem Namen Baumwollsamenöl (Cotton oil) bekannte Oel. Weil die reifen Samenkörner beim Liegen Oel ausschwitzen, muss die Baumwolle möglichst schnell nach der Ernte entkörnt (egreniert) werden. Es geschieht dies auf besonderen Maschinen, die Egreniermaschinen heissen. Es gibt verschiedene Arten. Eine Walzenegreniermaschine (Walzen-gin) stellt Fig. 3 dar. Die Baumwolle wird auf einen Tisch a aufgelegt und nach rechts an einen Spalt gepresst, den zwei Messer m^1 und m^2 zwischen sich freilassen. Die am Umfange rauhe Walze b erfasst die durch den Spalt gedrückten Samenhaare und führt sie mit sich. Sie werden durch die Walze c abgenommen. Die Grösse des Spaltes ist so bemessen, dass die Körner nicht hindurch können, sondern von den Haaren abgestreift werden und durch einen Rost nach unten fallen. Um das Abstreifen zu sichern, bewegt sich das Messer m^2 mit kleinem Hube sehr schnell auf und ab. Bei einer anderen Maschine (Sägen-gin) greifen Kreissägeblätter durch einen Rost und ziehen die Haare mit sich, während die Körner jenseits des Rostes verbleiben.

Mit der Baumwolle verwandt sind folgende Fasern tropischen Ursprungs: Pflanzendunen, Kapok- oder Ceibawolle vom Bombaxbaume, Pflanzenseide oder Calotropis vom Asklepias-Strauch oder -Baum und solche einheimischer Herkunft: Rohrkolbenwolle von einer Schilfart, Pappelwolle von der Pappe und Wollgraswolle vom Wollgras. Alle diese Fasern sind wenig haltbar und sehr glatt und deshalb schwer verspinnbar. Man benutzt sie zu Polsterzwecken

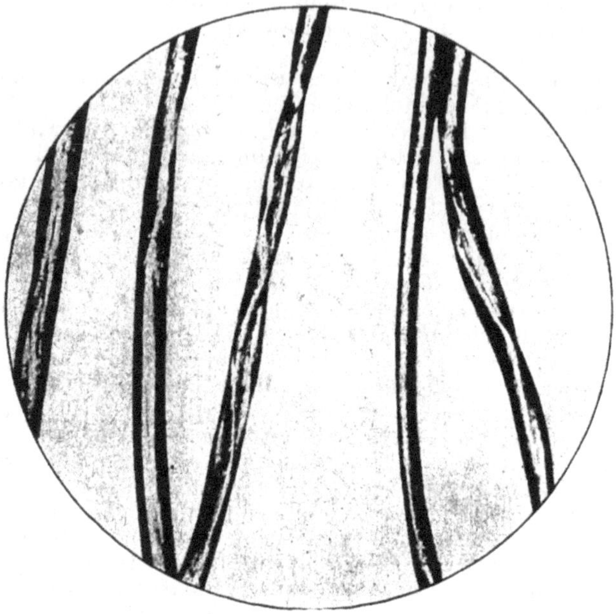

Fig. 2. Baumwolle, mercerisiert gestreckt.

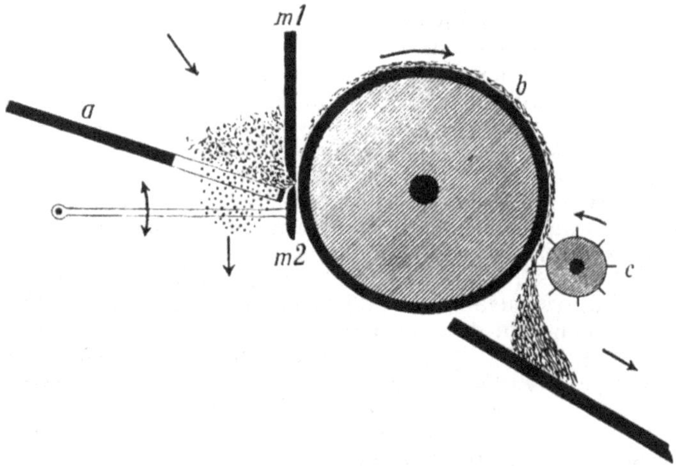

Fig. 3. Walzengreniermaschine (Walzen-gin).

oder verspinnt sie zusammen mit Baumwolle. Neuerdings versucht man ihre Spinnbarkeit durch Rauhmachen auf chemischem Wege zu verbessern.

b. Bastfasern.

Die bei Kraut- und Holzpflanzen unmittelbar unter der Rinde gelegene Gewebeschicht, die in der Regel aus langen, röhrenförmigen Zellen besteht, bezeichnen wir als Bast. Die Wandungen dieser Bastzellen besitzen vielfach eine grosse Festigkeit verbunden mit einer hervorragenden Feinheit und Geschmeidigkeit und sind in diesem Falle als Gespinststoff geeignet.

Die Bastfasern finden sich am Stengel oder Stamm, sowie bei einzelnen Pflanzen in den Blattscheiden und Blattspreiten, werden deshalb auch weiterhin als Stengelfasern und Blattfasern unterschieden. In jedem Falle macht die Freilegung der Fasern sowie ihre Reinigung von fremden Bestandteilen besondere Arbeiten nötig, die allgemein als das Aufschliessen der Bastfasern bezeichnet werden. Zu den in der Textilindustrie benutzten Bastfasern gehören:

1. Der Flachs. Der Flachs ist die Bastfaser der Leinpflanze (Linum usitatissimum). Die Pflanze ist überall in der gemässigten Zone anbaufähig; das Hauptbezugsgebiet ist Russland, dessen Erzeugung heute noch die aller übrigen Länder zusammengenommen, übersteigt. Weiterhin wird Flachs gebaut in Deutschland, Oesterreich, Frankreich, Belgien, Holland, Irland. Der belgische Flachs ist wegen seiner besonderen Güte und Feinheit geschätzt.

Bei allen Pflanzen tritt mit der Samenreife eine Verholzung des Bastes ein. Die Fasern werden alsdann grob, hart, verlieren ihre Geschmeidigkeit und Festigkeit. Daraus folgt, dass man um so bessere Spinnfasern erhält, je früher vor der Samenreife man die Pflanzenstengel aus dem Boden zieht. Andererseits aber liefert die Leinpflanze neben den Fasern noch ein zweites wertvolles Erzeugnis, die Samenkörner, aus denen das Leinöl gewonnen wird. Meistens wird deshalb die Flachsernte dann vorgenommen, wenn die Stengel sich gelb färben und die Samenkörner braun zu werden beginnen. Man nennt dies die Gelbreife. Die Fasern sind dann noch zart und geschmeidig, die Samenkörner liefern das wertvolle, für Speise- und industrielle Zwecke benutzte Oel, können aber nicht zur Aussaat benutzt werden. Sieht man nur auf die Fasergewinnung, so erntet man, wenn die Samenkapseln zwar ausgebildet, aber noch grün sind. Die Fasern sind in diesem Zustande sehr fein, weich und liefern einen sehr hellen und dabei festen Flachs. Die Fasern, die nach vollständiger Samenreife gewonnen werden, sind als Gespinststoff nicht mehr brauchbar.

Das Freimachen der Flachsfaser aus dem Pflanzenstengel wird allgemein das Rösten oder Rotten genannt. Die Bastfasern sind untereinander und mit den benachbarten Gewebeschichten des Pflanzenstengels, also mit der Rinde auf der einen, mit dem Holz auf der anderen Seite durch eine Art von Klebstoff, das Pflanzengummi, verbunden. Die Röste hat den Zweck, dieses Gummi zu lösen und zu zerstören. Es sind verschiedene Verfahrungsarten möglich: Wasserröste, Tauröste, Warmwasserröste, Heisswasserröste, Dampfröste und Schwefelsäureröste. Die beiden erstgenannten sind die ältesten und auch verbreitetsten Verfahren.

Bei der Wasserröte werden die durch das Riffeln mit einem kammartigen Werkzeug von den Aesten und den Samenkapseln befreiten Pflanzenstengel zu Bündeln vereinigt aufrecht, mit dem Wurzelende nach unten, in stehendes oder schwach fliessendes Wasser gestellt und durch Auflegen von Brettern und Steinen soweit beschwert, dass sie vollständig vom Wasser bedeckt werden. Nach einiger Zeit tritt eine Gährung ein, die das Pflanzengummi zerstört, in weiterem Verlauf aber auch die Faser angreift und schädigt. Der Flachs heisst dann überrottet, auch wohl verrottet. Es muss deshalb der Vorgang sorgfältig überwacht und zum richtigen Zeitpunkt abgebrochen werden.

Die Dauer hängt insbesondere von der Beschaffenheit und der Temperatur des Röstwassers ab. In stehendem oder schwach fliessendem, weichen Wasser ist bei warmer Witterung die Röste in 3—4 Tagen vollendet; kalte Witterung dehnt sie auf 6—8 Tage aus. Ist das Wasser hart und dabei stark fliessend, so kann die Röste mehrere Wochen in Anspruch nehmen. Eisenhaltiges Wasser ist zum Rösten ungeeignet, weil es den Flachs unzerstörbar rostig färbt. Zur Beschleunigung des Gährungsprozesses setzt man dem stehenden Wasser häufig Rasen oder Schlamm zu (Schlammröste). Bei der Tauröste breitet man die Flachsstengel auf einem tunlichst mit Gras bewachsenen Boden aus und überlässt sie der Einwirkung der atmosphärischen Einflüsse. Herrscht regnerisches Wetter, so ist die Röste in 2—3 Wochen beendet; bei trockener Witterung kann sie 2 Monate dauern. Weil aber die Tauröste nicht so rasch verläuft, wie die Wasserröste, bringt sie auch viel weniger die Gefahr der Ueberrottung mit sich.

Häufig verbindet man die Wasser- und Tauröste in der Weise miteinander, dass man die Pflanzenstengel erst in das Wasser bringt, jedoch nicht bis zur vollständigen Röste in demselben belässt, vielmehr die Röstreife durch die nachfolgende Tauröste herbeiführt. Diese gemischte Röste wird ausschliesslich zu dem Zwecke angewandt, das Ueberrotten zu verhüten.

Von den übrigen Röstverfahren, die auch als künstliche Rösten bezeichnet werden, die sämtlich ziemlich schnell verlaufen, aber grosse Aufmerksamkeit erfordern, hat sich nur die Schenksche Warmwasserröste bewährt. Die anderen hat man fast ganz aufgegeben, weil sie zu teuer sind und die Bastfasern sehr leicht angreifen. Bei der Warmwasserröste werden die Flachsbündel in Holzgefässen oder in gemauerten Gruben oder Bassins wie bei der natürlichen Wasserröste eingestellt und zwar auf einen Lattenboden, der etwa 20 cm vom Boden der Grube entfernt ist. Die Grube wird bis zur vollständigen Ueberflutung der Flachsbündel mit Wasser gefüllt und dieses durch Dampfheizschlangen, die unter dem Lattenboden liegen, auf eine Temperatur von 25° C. gebracht und auf dieser ständig erhalten. In 3—4 Tagen ist bei diesem Verfahren die vollständige Röstreife erlangt.

Nach der Röste werden die Flachsstengel durch Ausspülen von Schlamm und Schmutz gereinigt, sodann getrocknet. Das geschieht im Freien durch Ausbreiten oder Aufstellen des Flachses in Kegelpyramiden, Kapellen genannt. Es erfordert grosse Flächen und ist ganz vom Wetter abhängig.

Seit einigen Jahren ist eine neue Warmwasserröste, die Kanalröste, eingeführt worden, bei der der Flachs nicht wie bei der Bassinröste in ruhendem, sondern in langsam fliessendem Wasser geröstet wird. Mit ihr ist auch eine künstliche Trocknung verbunden. Röste und Trocknung sind in einem geschlossenen Raum untergebracht und gestatten, unabhängig vom Wetter, eine ununterbrochene Arbeit im Sommer wie im Winter. Fig. 4 zeigt eine solche Anlage. Im unteren Stockwerk befindet sich in der ganzen Ausdehnung der Röstkanal und im oberen in der Mitte der Trockenkanal. Die hölzernen Röstkästen werden links oben mit Strohflachs beschickt, darauf nach unten gesenkt und dort durch Tonnen, die mit Wasser gefüllt werden, so beschwert, dass sie im Röstwasser vollständig untertauchen. Sie wandern langsam nach rechts, während das warme Wasser ihnen entgegenströmt. Im Kanal ist nur ein Kasten gezeichnet, tatsächlich ist der Kanal beständig mit Kästen gefüllt. Wenn die Kästen am Ende des Kanals rechts angelangt sind, werden sie abwechselnd in je einem parallel zum Mittelkanal verlaufenden Seitenkanal verschoben und wandern in diesem von rechts nach links. Dort werden sie in das obere Stockwerk gehoben, nachdem die Beschwerungstonnen durch Umstürzen entleert und entfernt worden sind. Die Kanäle für den Rücklauf, die das Röstwasser von links nach rechts durchströmt, sind erforderlich, um die Länge des Gebäudes zu verringern und das Heben und Senken der Röstkästen an derselben Stelle zu ermöglichen.

Nachdem das Röstwasser aus den gehobenen Kästen genügend abgetropft ist, werden sie entleert, wobei der geröstete Flachs auf Holzlatten sorgfältig ausgebreitet wird, die in Hordenwagen angeordnet sind. Letztere werden durch eine seitliche Tür am linken Ende des Trockenkanals in diesen eingeschoben, wandern langsam nach rechts wobei warme Luft ihnen entgegenströmt, und werden durch eine Tür rechts hinausgezogen und entleert. Die leeren Wagen wandern parallel zum Trockenkanal auf Schienen nach links zurück, wo sie von neuem beschickt werden. Der getrocknete Flachs kommt sofort auf die Knick- oder Brechmaschine, die sogleich besprochen werden soll.

Auf die Arbeit des Trocknens folgt das Brechen, das die Zerkleinerung der mürben Holzbestandteile des Stengels bezweckt. Es besteht darin, dass man die Stengel an möglichst vielen Stellen knickt, und geschah früher durch Handarbeit auf der Brechlade. Heute werden Maschinen benutzt, die aus mehreren hintereinander liegenden geriffelten Walzenpaaren bestehen. Die Riffelung jedes folgenden Paares ist enger als die des vorhergehenden, zerbricht also die Stengel an vielen Stellen. Bei dem Brechen fallen die meisten Holzteile des Stengels in kleinen Stückchen ab, ihre gänzliche Entfernung erfolgt aber erst durch das Schwingen.

In 10 Stunden: 5 Kisten zu 7 Ztr. Strohflachs = 35 Ztr.

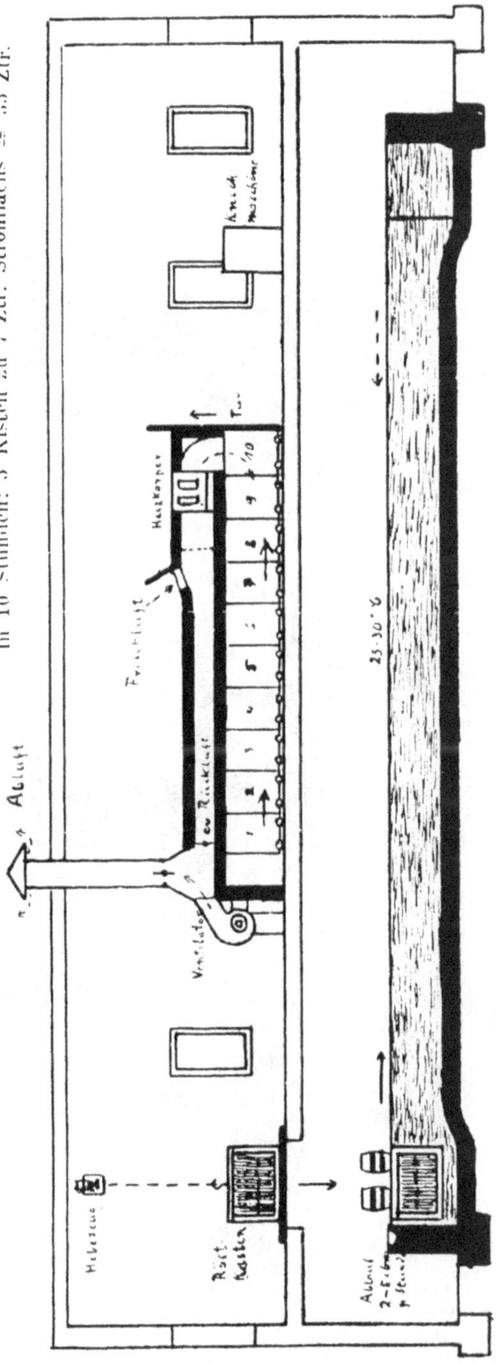

Fig. 1. Kanalröste und künstliche Trocknung.

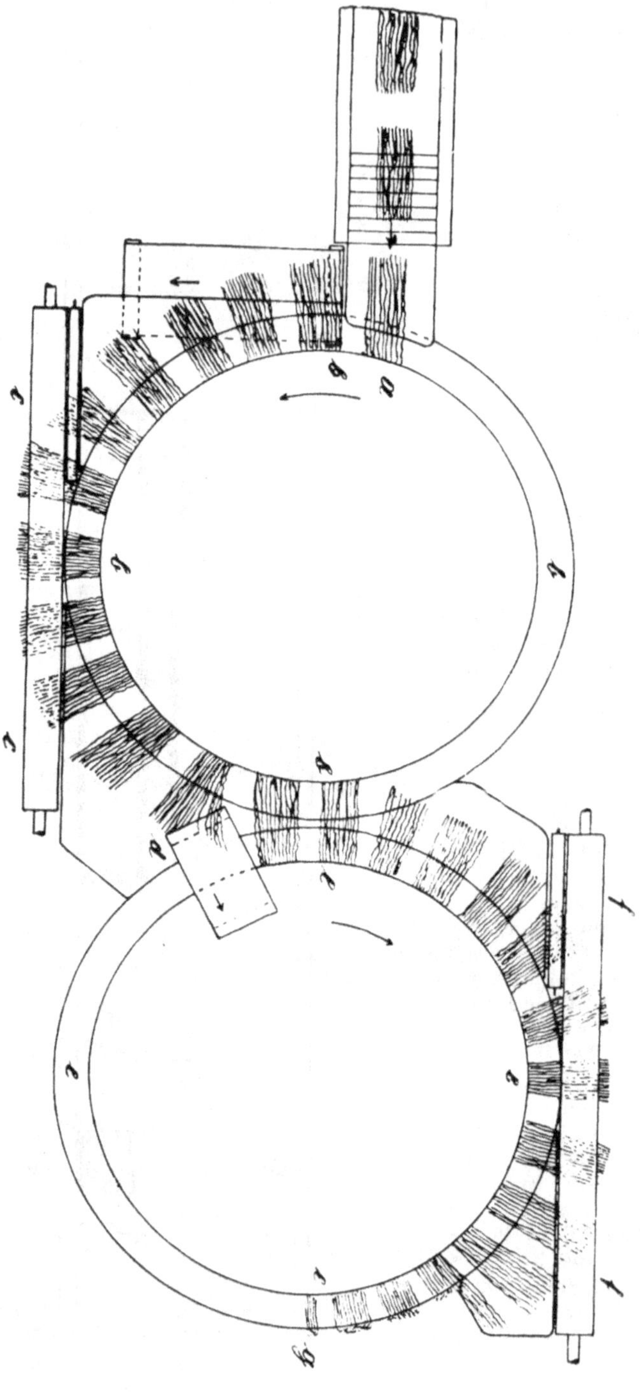

Fig. 5. Schwingmaschine von Etrich.

Hierbei werden die durch das Brechen erhaltenen Rohfaserbündel, die Risten, an einem Ende eingespannt oder mit der Hand so gehalten, dass sie nach unten hängen, und alsdann mit einem messerartigen, hölzernen, stumpfen Werkzeug, dem Schwingbeil, von oben nach unten bearbeitet, wobei das anhängende Holz abgestreift wird. Darnach wird das vorher freie Ende eingespannt oder gefasst und die andere Hälfte des Bündels bearbeitet. Seit langer Zeit benutzt man für das Schwingen Maschinen, Schwingstände genannt, bei denen auf einer sehr schnell umlaufenden Welle mehrere Holzmesser angeordnet sind, die der Reihe nach die dargebotene Riste bearbeiten. Das Schwingen, selbst mit solchen mechanischen Schwingständen ist sehr teuer, weil es viele und vor allen Dingen geübte Arbeitskräfte verlangt, deren Geschicklichkeit darin besteht, aus den Bündeln möglichst viele Langfasern herauszuholen und möglichst wenige Kurzfasern, Schwingwerg genannt, abzustossen. Deshalb sind schon oft Versuche unternommen worden, die Schwingstände durch vollständig selbsttätig arbeitende Maschinen zu ersetzen. Die Aufgabe hat der Leinenindustrielle Etrich, der Erfinder der Flugtaube, vor kurzer Zeit gelöst. Seine Schwingmaschine, die in Fig. 5 schematisch dargestellt ist, ist unmittelbar mit der Knickmaschine verbunden. Die geknickten Risten werden bei a auf einen umlaufenden Ring gelegt, festgeklemmt und von ihm mitgeführt, um durch die Schabewalzen c, wie Fig. 5 b zeigt, bearbeitet zu werden. Bei d erfolgt die selbsttätige Ueberführung der Risten auf den ebenfalls umlaufenden Ring e, und zwar so, dass die vorher eingespannten Ristenteile jetzt frei hängen und von den Schabewalzen f bearbeitet werden. Bei g werden die fertig geschwungenen Risten entnommen. Die Maschine leistet so viel als 6 Schwingstände, ihr Erzeugnis ist gleichmässiger und holt einen hohen Prozentsatz Langfasern heraus.

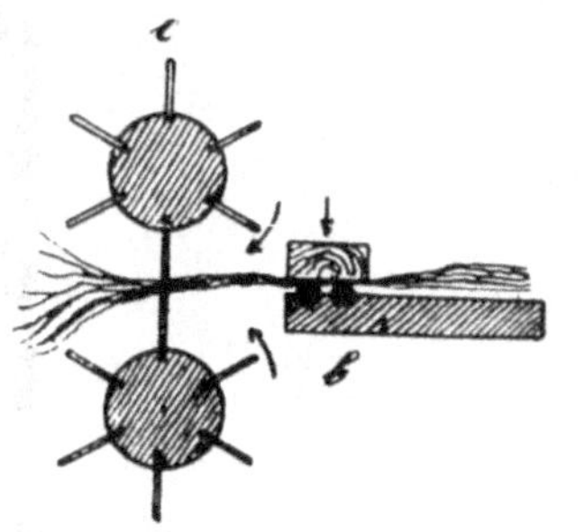

Fig. 5 b. Arbeit der Schabewalzen.

Es folgt nunmehr das Hecheln. Es bezweckt, noch vorhandene Holzteile zu entfernen, sowie insbesondere, die noch zusammenhängenden Faserbündel in feinere Fasern zu spalten. Hiermit beginnt die eigentliche Flachsspinnerei. Das Nähere siehe unter Herstellung der Leinengarne (S. 43).

Unter dem Mikroskop zeigt die Flachfaser das in Fig. 6 dargestellte Bild. Der in der Flachsspinnerei zur Verwendung kommende Faserstoff besteht übrigens noch nicht aus wirklichen Elementarfasern, sondern aus Faserbündeln. Die eigentlichen Bastzellen des Flachses haben eine Länge von 2—4 cm. In dem Gespinststoff des Handels finden sich diese durch rückständiges Pflanzengummi vereinigt. Behandeln mit heissem Wasser löst den Klebstoff und gestattet die Zerlegung der Handelsfaser in die eigentlichen Elementarfasern. Hiervon macht man bei dem „Nassspinnen“ der Leinengarne Anwendung (S. 49).

Im Handel und in der Industrie werden die einzelnen Flachssorten nach ihrer Herkunft sowie nach der Röstart und dem Grade der Verarbeitung unterschieden, z. B. russischer Flachs (Tauröste); belgischer Flachs (Wasserröste), Brechflachs, Schwingflachs u. a. Für den Wert der einzelnen Sorten sind entscheidend Farbe, Glanz, Weichheit, Feinheit und Festigkeit der Faser. Die Länge der Fasern hat nur untergeordnete Bedeutung, so zwar, dass bei sonst gleichen Eigenschaften der längere Flachs der wertvollere ist.

2. D e r H a n f. Der unter dem Namen Hanf bekannte Spinnstoff besteht aus den Bastfasern der Hanfpflanze (Cannabis sativa). Die Pflanze gehört

botanisch zu den zweihäusigen Gewächsen, also zu denen, bei denen die männlichen und weiblichen Blüten auf verschiedene Pflanzen verteilt sind. Dies hat für die Gewinnung des Gespinststoffes Bedeutung. Da die männlichen Pflanzen keinen Samen tragen, fällt bei ihnen die Rücksicht auf die Samenreife fort. Man kann sie also dann ernten, wenn ihr Reifezustand für die Beschaffenheit der Faser am günstigsten ist. Die Ernte wird gewöhnlich vorgenommen, sobald die Blätter gelb zu werden beginnen. Die weiblichen Pflanzen lässt man bis zur Samenreife stehen. Die Faser ist alsdann grob und wird nur zu Seilerwaren verarbeitet. Die Arbeiten zur Freilegung der Hanffaser, das Rösten, Brechen, Schwingen und Hecheln sind dieselben wie beim Flachs, ebenso die handelsgebräuchlichen Merkmale zur Unterscheidung der einzelnen Sorten. Der Hanf verlangt ein wärmeres Klima als der Flachs; deshalb wird er in vor-

Fig. 6. Flachsfaser, Handelsfaser, aus verklebten Elementarfasern zusammengesetzt. Mikrophotogr. Aufnahme nach der Natur.

züglicher Güte in Südeuropa, insbesondere auch in Italien angebaut. Der italienische Hanf gilt seiner Güte nach als der beste. Da die Aufzucht der Hanfpflanze bis zur Faserreife jedoch nur einen verhältnismässig kurzen Zeitraum von 3—4 Monaten erfordert, so ist die Hanfkultur auch bei den kürzeren aber heissen Sommern der nördlicheren Gegenden bis zu den Ostseeküsten möglich. Der Hauptanteil an der Erzeugung entfällt auf Russland, dann folgen Italien, Oesterreich-Ungarn, Frankreich, Deutschland, die Vereinigten Staaten von Nordamerika.

Das mikroskopische Bild der Hanffaser ist in Fig. 7 dargestellt. Die als Handelsware gelieferten Fasern sind, wie beim Flachs, Bündel von Elementarfasern, die durch Klebstoff vereinigt sind, können auch, wie diese, beim Nassspinnen durch heisses Wasser zerlegt werden. Die Elementarfaser ist bis zu 6 cm lang, auch gröber als die Elementarfaser des Flachses. Die Faserlänge der Handelsware geht bis 2 m und darüber.

3. D i e J u t e. Die als Gespinststoff dienende Jute ist die Bastfaser zweier Pflanzen, welche zu der Familie der Lindengewächse gehören, und zwar von Corchorus capsularis und Corchorus olitorius. Sie sind Tropenpflanzen und verlangen ein feuchtes, heisses Klima. Das hauptsächlichste Erzeugungsgebiet ist bis jetzt Britisch Ostindien, der wichtigste Ausfuhrhafen Kalkutta. Die Pflanzen erreichen eine Höhe bis zu 6 m bei einer Stengeldicke bis zu 26 mm. Die durchschnittliche Höhe ist 3—4 m. Zur Freilegung der Fasern werden die Pflanzenstengel genau wie beim Flachs und Hanf geröstet, und zwar stets in stehendem oder langsam fliessendem Wasser. Bei dem heissen Klima und der dadurch bewirkten hohen Temperatur des Röstwassers ist der Prozess in 3—6 Tagen vollendet. Die gerösteten Stengel werden mit der Hand geknickt und der Bast wird sofort durch Abschälen vom Stengel gewonnen.

Fig. 7. Hanffaser.
Mikrophotogr. Aufnahme nach der Natur.

Die weitere Bearbeitung besteht nur noch in einer Reinigung von Schlamm und Schmutz durch Ausspülen im Wasser. Der darauf getrocknete Rohstoff ist handelsfertiger Faserstoff. Es ist dasselbe auch in seiner ganzen Ausdehnung als Gespinststoff verwendbar, bis auf die harten Wurzelenden, die sog. Cuttings. Sie werden teilweise schon vor der Ausfuhr abgeschnitten, vielfach aber bleibt dies auch den Jutespinnereien überlassen. Das Abschneiden erfolgt auf besonderen Maschinen, die Schnippmaschinen (Snippingmaschine) heissen. Neben der Beseitigung der harten Wurzelenden hat das Schnippen auch den Zweck, die Enden zuzuspitzen, um sie besser verarbeiten zu können.

Nach der in Kalkutta üblichen Preisnotierung unterscheidet man folgende Qualitäten:

1. S e r a j g u n g e, beste Sorte, feinfaserig, gelblich weiss und gleichmässig in Färbung.

2. N e r a j g u n g e, gröber als die vorige, auch ungleichmässig in der Färbung.

3. D a c c a , braungelb, aber gleichmässig in Färbung, enthält noch die Wurzelenden.

4. D a i s e e , feinfaserig, von brauner Färbung.

5. D o w r a h , tiefbraun, hart und grobfaserig, mit Wurzelenden.

6. R e j e c t i o n s , Ausschuss aus den verschiedenen vorhin genannten Sorten, hart und kurz. Die Fasern liegen durcheinander.

7. C u t t i n g s , die abgeschnittenen Wurzelenden.

Für die einzelnen Sorten sind wieder die nachstehenden Qualitätsbezeichnungen üblich: Fine, Medium, Common, Low. Dazu kommen noch Rejections und Cuttings.

Die Jutefaser hat von allen pflanzlichen Gespinstfasern den grössten natürlichen Glanz. Die Färbung ist bei den besseren Sorten gelblich weiss,

Fig. 8. Jutefaser.
Mikrophotogr. Aufnahme nach der Natur.

bei mittleren gelb bis gelbbraun, bei den geringeren hell- bis dunkelbraun. Auch Feinheit und Weichheit sind bei den einzelnen Sorten in der angegebenen Abstufung verschieden. Die natürliche Faserlänge, d. h. die Länge der in den Handel gebrachten Bastschichten, beträgt 2—3 m, jedoch hat die Länge gegenüber den anderen Eigenschaften, wie beim Flachs und Hanf, eine untergeordnete Bedeutung; am wertvollsten ist die Gleichmässigkeit der Rohfaser in Färbung und Weichheit nach ihrer ganzen Länge. Die Festigkeit ist verhältnismässig gering, geringer als bei allen anderen pflanzlichen Gespinstfasern. Es liegt das wesentlich daran, dass die Bastfaser der Jute stärker verholzt ist. Unter dem Mikroskop zeigt sie das in Fig. 8 dargestellte Bild. Die Länge der Elementarfaser geht nicht über 0,5 cm. Die Jute ist erst seit Anfang der sechziger Jahre des vorigen Jahrhunderts in Deutschland als Gespinststoff in Gebrauch. Der Weltbedarf ist seitdem so gewachsen, dass Indien, fast der einzige Lieferant, ihn nicht mehr decken kann und man von einer Jutenot spricht.

Die grosse Nachfrage hat eine Preissteigerung von 120% innerhalb 20 Jahren zur Folge gehabt.

4. Das Chinagras. Chinagras, auch Ramie oder Rhea, nennt man die Bastfaser zweier Nesselarten, nämlich von Urtica nivea (Schneenessel) und von Urtica tenacissima. Die ursprüngliche Heimat der Nesselkultur ist China und Japan, und die Pflanze wird dort auch gegenwärtig in grösster Menge als Gespinstpflanze angebaut, indessen hat sich heute der Anbau über Südeuropa und Algier ausgedehnt. Grosse Mengen des Faserstoffes werden ferner in den südlichen Teilen der Vereinigten Staaten Nordamerikas sowie in Australien gewonnen.

Die Nesselfaser besitzt von allen Bastfasern im reinen Zustande die grösste Feinheit, schneeweisse Farbe, grosse Festigkeit, Weichheit, dabei seidenarti-

Fig. 9. Chinagras.
Mikrophotgr. Aufnahme nach der Natur.

gen Glanz. Es hängt dies wesentlich damit zusammen, dass die Faser gar nicht oder nur sehr schwach verholzt ist. Sie kommt also in dieser Beziehung der Baumwolle am nächsten. Die Freilegung der Faser ist schwierig. Man muss unterscheiden zwischen der Gewinnung des Bastes aus dem Stengel und der Gewinnung der Einzel- oder Elementarfasern aus dem Baste. Im ersteren Falle kommt man mit einer Röste, die sonst bei Stengelfasern brauchbar ist, nicht zum Ziel. Man muss ein mechanisches Verfahren anwenden, das am wirksamsten ist, wenn es mit den frischen Stengeln vorgenommen wird. Früher geschah es durch Entschälen mit der Hand. Heute werden Maschinen, Entholzungsmaschinen, benutzt. Zur Gewinnung der Einzelfasern wird der Bast mit Seife und alkalischen Laugen, hernach mit Bleichmitteln behandelt. Die Elementarfaser hat eine Länge bis zu 10 cm. Das mikroskopische Bild ist in Fig. 9 dargestellt.

Die Verarbeitung der Nesselfaser zu reinen Chinagrasgarnen und -Geweben ist in Deutschland noch wenig verbreitet; grosse Mengen der Kämmlinge dagegen werden mit Baumwolle und mit Wolle gemischt verarbeitet.

Im Mittelalter wurden die Stengelfasern der bei uns einheimischen langstieligen Brennessel (Urtica divica) in grossem Umfange verwertet. Sie wurden aber durch die billige Baumwolle nach und nach vollständig verdrängt. In letzter Zeit will man als Ersatz für Baumwolle die Brennesselverwertung wieder aufnehmen und beginnt sie in grossen Plantagen auf Niederungsmooren anzubauen, nachdem ihre Wildsammlung nicht zu dem gewünschten Erfolg geführt hat. Den Bestrebungen steht der geringe Fasergehalt der Stengel, nur 7–10%, störend entgegen. Es ist zu befürchten, dass die Gewinnung sehr teuer werden wird.

Die weiteren Bastfasern haben für die deutsche Textilindustrie keine so grosse Bedeutung, wie die bisher besprochenen. Es genügt deshalb, sie kurz aufzuführen.

5. *Ostindischer Hanf*, auch *Sunnhanf* genannt, stammt aus dem Baste einer in den Tropen heimischen Pflanze aus der Ordnung der Hülsenfrüchtler (Crotolaria juncea, tenuifolia). Der Stengel erreicht Meterhöhe und liefert Fasern, die dem einheimischen Hanf ähnlich sehen, ihm aber an Feinheit und Festigkeit bedeutend nachstehen.

6. *Weidenbast*. Während des Krieges hat man die aus dem Baste der Korbweide gewonnenen Fasern als Ersatz für Werg mit Erfolg zu Putzzwecken benützt und dadurch Werg für wichtigere Zwecke frei gemacht. Eine andere Verwertung dürfte kaum in Frage kommen.

7. *Ginster*. Die Fasern werden der Rinde der Zweige entnommen und kommen als Ersatz für Hanf in Frage. Sie werden bisher durch Rösten, Brechen und Hecheln gewonnen, was teuer ist, da die Ausbeute nur 5—8% beträgt. Neuerdings sucht man neue Wege, die die Gewinnung verbessern und verbilligen sollen. Ein durchschlagender Erfolg ist noch nicht erzielt worden.

8. *Neuseeländischer Flachs*. Er stammt von der auf dem Festlande und den Inseln Neuhollands heimischen Flachslilie (Phormium tenax). Die Pflanze, zu der Familie der Liliengewächse gehörig, erreicht über 2 m Höhe und treibt 1,5 m lange Blätter, die wie die Blätter aller Lilien lanzettförmig sind. Die Breite schwankt zwischen 5—12 cm. Diese Blätter enthalten eine Menge zäher Fasern, die sich, so lange das Blatt noch grün und saftig ist, ziemlich leicht gewinnen lassen. Durch eine sorgfältige und eingehende Behandlung lassen sich Fasern gewinnen, die dem einheimischen Hanf nicht nachstehen; im allgemeinen jedoch sind dieselben so stark verholzt, dass sie zu feineren Geweben unbrauchbar sind. Dagegen wird der Faser nachgerühmt, dass sie namentlich im Wasser dauerhafter als alle übrigen Faserstoffe sei und deshalb mit Vorteil zu Segel- und Tauwerk benutzt werden könne. Der Anbau der Pflanze ist auch anderwärts, bisher jedoch mit wenig durchschlagendem Erfolg, versucht worden.

9. *Manilahanf*. Zur der Klasse der Gewürzlilien gehören die Pisang- oder Bananengewächse (Musa textilis paradisiaca u. a.). Trotz ihres stattlichen baumartigen Aussehens sind sie Krautpflanzen, allerdings die grössten dieser Art. Der Stamm erreicht eine Höhe bis zu 6,5 m bei einem Durchmesser von 30 cm und wird von langen, fest aufeinander gerollten Blattscheiden gebildet. An der Spitze trägt er ein Büschel prächtiger 2—4 m langer Blätter sowie einen einzigen Blütenstand mit zahlreichen Blüten. Die Fasern sitzen in den Blattscheiden, nicht in den Blattspreiten. Die Fasern sind, wenn gehörig zubereitet, rein weiss und seidenartig glänzend, immerhin aber etwas steif, ferner bemerkenswert wegen ihres geringen spezifischen Gewichtes. Die Heimat der Pisanggewächse sind die Philippinen, doch ist ihre Kultur heute über die ganze Tropenwelt verbreitet. Zur Gewinnung der Fasern werden von der Firma Friedr. Krupp in Magdeburg-Buckau Entfaserungsmaschinen geliefert, die sich bewährt haben.

10. *Ananashanf*, *Aloehanf* und *Sanseveriafasern*. Die Familie der Ananasgewächse (Bromeliaceae) liefert ebenfalls mehrere wichtige Gespinstpflanzen. Die eigentliche Ananas (Ananassa sativa, Bromelia Ananas) enthält in ihren Blättern einen wertvollen Faserstoff, der sich sogar zu feineren Geweben eignet. *Aloe-* oder *Mauritiushanf* entstammt besonders der Aloe perfoliata. Die aus den Blättern gewonnenen Fasern sind 25—50 cm lang, weich, weiss und glänzend. Sanseveria kommt in grossen

Mengen in Ostafrika vor und scheint sich einzuführen, nachdem es gelungen ist, eine Maschine für die Fasergewinnung zu erfinden, die ebenfalls von der Firma Krupp gebaut wird.

11. Agavefasern. Es gibt sehr viele Arten von Agaven, deren Blätter sämtlich Fasern liefern, deren Güte aber verschieden zu bewerten ist. Hauptsächlich kommen in Betracht: Sisalhanf, Zapupe und Ixtle. Die Fasern dieser Arten besitzen wertvolle Eigenschaften und kommen in steigendem Masse in Aufnahme, nachdem man Maschinen für ihre Gewinnung eingeführt hat.

12. Rohrkolben, auch Teichkolben oder Schmakedutschke genannt (Typha angustifolia und latifolia), kommt in Deutschland in grossen Mengen in stehenden Gewässern vor. Aus den Blättern gewinnt man neuerdings Fasern, die als Ersatz für Hanf und Jute dienen können. Der hohe Fasergehalt, 20—30%, berechtigt zu der Hoffnung, dass es gelingen wird, den Fasern Eingang zu verschaffen.

c) Fruchtfasern.

Die in den Schalen vieler Früchte enthaltenen Bastfasern nennt man Fruchtfasern. Als einzige Vertreterin kommt hier nur die Cocosfaser in Betracht. Sie stammt von der echten Cocospalme, einem stattlichen bis zu 25 m hohen Baume der tropischen Zone. Die Früchte, Cocosnüsse genannt, hängen zu 10 bis 30 Stück an einem einzigen Kolben. Die bekannte rotbraune Schale dieser Nüsse ist dicht mit Fasern besetzt. Zur Gewinnung des Bastes werden die Fruchtschalen längere Zeit einer Art Röste unterworfen, d. h. in süsses, auch wohl in Seewasser gelegt. In letzterem dauert der Vorgang viel länger, bis 1 Jahr. Die Schalen werden darauf gestampft oder gewalzt, wodurch die Faser freigelegt wird. Nach dem Spülen erhält man handelsfertige Ware.

Die Cocosfaser ist grob aber stark und elastisch. Sie findet ausgedehnte Verwendung zur Herstellung von Matten, Teppichen, Matratzenzeugen u. a.

d) Sonstige Fasern.

Als fernere dem Pflanzenreiche angehörige Gespinststoffe sind noch Stroh, Holz, Torf und Kautschuk und neuerdings Holzzellstoff (Holzzellulose) zu nennen. Das als Einschuss zu Geweben benutzte Stroh ist meistens Weizenstroh. Um schöne Halme zu erzielen, sät man recht dünn aus. Sobald die Halme anfangen gelb zu werden, werden sie abgeschnitten, getrocknet, bei den Knoten durchschnitten und gespalten. Die erhaltenen Streifchen haben in der Regel eine Breite von ½ bis 1½ mm. Gröbere Gewebe werden auch wohl aus ungespaltenem Stroh hergestellt. In der neuesten Zeit hat man auch Versuche gemacht, Fasern aus dem Stroh zu gewinnen und zu verspinnen. Ein abschliessendes Urteil über die Brauchbarkeit kann noch nicht gegeben werden.

Zu Holzgeweben hat man ein weisses, weiches, möglichst feinfaseriges Holz nötig. Am besten eignet sich hierzu Pappel,- Weiden- und Lindenholz. Die Streifchen werden bis zu einer Länge von 1 m aus möglichst noch grünem Holze geschnitten. Das Ausschneiden geschieht durch einen gewöhnlichen Schlichthobel, der vor dem Schlichteisen eine Art Schneidmodel mit einer Reihe feiner und scharfer Schneidezähne enthält. Wegen der schönen Weisse ist es leicht, die Stäbe beliebig zu färben. Holz wird sowohl als Einschuss zu Ketten von Seide und Baumwolle, als auch zu vollständigen Geweben benutzt.

Die schon wiederholt unternommenen Versuche, die im Torf vorkommenden Fasern als Spinnstoff zu verwerten, sind neuerdings wieder aufgenommen worden. Die Fasern entstammen den Blattscheiden des Wollgrases, das auf Mooren wächst, in ihnen versinkt und unter Luftabschluss vertorft. Der Gehalt des Moores an Fasern ist so gering, dass eine Fabrik, die sich allein mit ihrer

Gewinnung beschäftigt, nicht bestehen könnte. Deshalb werden die Fasern nebenbei in den Torfstreu- und Brennstoffabriken gewonnen. Hierzu benutzt man heut teilweise schon Maschinen. Torffasern sind während des Krieges in grossem Umfange als Streckmittel für wollene Gewebe z. B. Decken, Woilachs usw. benutzt worden.

Der K a u t s c h u k dient zur Herstellung elastischer Gewebe. Man gewinnt ihn heute aus dem Milchsaft einer grossen Anzahl von Bäumen in Ostindien (Ficus elastica), Borneo und Sumatra (Unceola elastica), Madagaskar (Vahea gummifera), Ostafrika (Vahea Kirkii), Südamerika (Hevea elastica, Siphonia elastica) u. a. Der beim Einschneiden der Rinde ausfliessende Milchsaft enthält den Kautschuk in feinen Tröpfchen, die sich beim ruhigen Stehen der Flüssigkeit oben absetzen. Man gewinnt den Kautschuk durch Eintrocknen des Saftes an der Luft oder über offenem Feuer. Der so gewonnene Rohkautschuk des Handels enthält mannigfache Verunreinigungen, von denen er durch Zerschneiden in kleine Stücke und Auswaschen und Kneten in heissem Wasser befreit wird. Durch Pressen und Walzen werden aus dem gereinigten Stoff Blöcke und Tafeln geformt, und aus ihnen erhält man weiterhin die zu Geweben benutzten Fäden.

Durch Vereinigung des Kautschuks mit Schwefel erhält man den vulkanisierten Kautschuk, der in bezug auf Widerstandsfähigkeit gegen chemische Einwirkungen und durch seine Elastizität den reinen Kautschuk noch übertrifft.

Der H o l z z e l l s t o f f (Holzzellulose) hat während des Krieges grosse Bedeutung erlangt. Er darf nicht mit dem Holzstoff verwechselt werden, der aus dem Holz durch Schleifen gewonnen wird und zur Herstellung von solchem Papier dient, das nicht allzu weich zu sein braucht. Holzzellstoff entsteht aus dem zerkleinerten Holz durch Kochen mit Aetznatronlauge (Natronverfahren) oder Kaliumsulfit (Sulfitverfahren), wobei die inkrustierenden Teile, das Lignin und Harz, gelöst werden und die reinen Fasern zurückbleiben. Die erhaltenen Fasern werden gewaschen und unter Umständen gebleicht und kommen in Pappform in den Handel.

3. Tierische Rohstoffe.

Hierher gehören entweder tierische Haare oder das unter dem Namen Seide bekannte Erzeugnis der Larven verschiedener Insekten.

Die Tiere, deren Haare als Gespinststoff benutzt werden, sind, ausschliesslich auf eine engbegrenzte Gruppe, nämlich auf die Familie der Zweihufer oder Wiederkäuer beschränkt.

Heute benutzt man:

a) Schafwolle, b) Ziegenwolle, c) Kamelwolle, d) Kuhhaar.

a) S c h a f w o l l e.

Die Schafwolle bildet den wichtigsten Rohstoff der Textilindustrie. Sie nimmt unter den tierischen Gespinstfasern eine noch bedeutendere Stellung ein, als die Baumwolle unter den pflanzlichen. Infolge seines Wertes als Nutztier ist das Hausschaf, das für unseren Zweck allein in Betracht kommt über die ganze Erde verbreitet und selbst in solche Länder verpflanzt worden, denen es ursprünglich fremd war.

Infolge der Verschiedenheit des Klimas, der Lebens- und Ernährungsweise sowie der Behandlung seitens des Menschen hat sich im Laufe der Zeit eine grosse Menge von Rassen herausgebildet, aus denen durch absichtliche Kreuzungen wieder neue Spielarten entstanden. Diese Verschiedenheiten treten naturgemäss auch in der Beschaffenheit des Wollvlieses und des einzelnen Wollhaares zutage.

Vom Standpunkte der Industrie teilt man die Wolle heute wie folgt ein:

1. Nach den Zuchtländern: a) Kolonialwollen (Australien, Neuseeland, Kapland); b) La Platawollen (Argentinien, Uruguay); c) europäische Wollen (deutsche, österr.-ungarische, französische, spanische, russische, portugiesische); d) Mittelmeerwollen (Türkei, Syrien, Marokko); e) ostindische, chinesische und Tibetwollen.

Die Schafzucht mit dem Hauptzweck, Wolle zu erzeugen, erwies sich in den letzten Jahrzehnten mit der Zunahme der Bevölkerung und bei den gestiegenen Bodenpreisen und landwirtschaftlichen Betriebskosten an vielen Stellen nicht mehr lohnend, insbesondere konnte sie den Wettbewerb der überseeischen Wollen nicht ertragen. Man ist deshalb besonders in Deutschland zu der Zucht von Fleischschafen übergegangen, d. h. von Tieren, welche tunlichst bald als Schlachtvieh verwendbar sind. Die Wollverwertung kommt hierbei erst in zweiter Linie in Betracht. Die deutsche Wollenindustrie ist deshalb für den Bezug des Rohstoffs zum allergrössten Teile auf das Ausland angewiesen. Verarbeitet werden vornehmlich australische (Sidney, Port Philipp), südamerikanische (Buenos Aires, Montevideo) und südafrikanische (Cap) Wollen. Die Hauptmärkte sind London, Antwerpen, Bremen, Hamburg.

2. Nach der Beschaffenheit:

a) Merinowolle, als Hauptvertreterin der feinen, weichen und stark gekräuselten Wollen, die sich vorwiegend für die Streichgarn-Industrie eignen. Ursprünglich das Haar der spanischen Merinoschafe und der aus diesen durch Kreuzung mit deutschen Schafen gezüchteten Elektoralschafen. Gegenwärtig versteht man unter dieser Bezeichnung jede feinhaarige, stark gekräuselte Wolle.

b) Cheviotwolle (Sammelname für die verschiedenen Arten englischer Wolle) als Hauptvertreterin der langen, grobhaarigen, wenig oder gar nicht gekräuselten (schlichten) Wollen, die sich vorwiegend für die Kammgarn-Industrie eignen.

c) Crossbredwollen, erhalten durch Kreuzung englischer Böcke mit Merino-Mutterschafen. Sie stehen in bezug auf Länge, Stärke und Kräuselung, je nach der Zahl der wiederholten Kreuzungen, den Cheviotwollen mehr oder weniger nahe und beherrschen heute den Weltmarkt.

d) Glanzwolle, jede Wolle mit Glasglanz. Das Wollhaar ist an und für sich farblos und lässt das Licht durch. Alle farblosen Körper aber werfen bei hinreichend feiner Verteilung in ihrer Gesamtheit das Licht diffus, d. h. nach allen Seiten zurück, erscheinen deshalb rein weiss. Aus diesem Grunde zeigt auch die Wolle, soweit eine natürliche Färbung fehlt, eine weisse Farbe, und das Weiss ist um so schöner, je feinhaariger die Wolle ist. In dem Masse, wie das Haar dicker wird, lässt es einen Teil des auffallenden Lichtes durch, wirft auch das reflektierte nicht vollkommen diffus zurück. Dadurch entsteht der Glasglanz. Glanzwolle ist deshalb stets eine dickhaarige Wolle z. B. Angora-Wolle (vgl. S. 23).

e) Heidschnuckenwolle ist das Haar der in Ostfriesland und auf der Lüneburger Heide gezüchteten Heidschnuckenschafe. Die Wolle ist lang und kräftig, aber schlicht und ziemlich dickhaarig.

3. Nach dem Grade der Verunreinigung:

a) Schmutzwolle oder Schweisswolle (greasy wool, laine en suit) heisst die Wolle, die in dem Zustande, in dem sie sich auf dem Körper des Tieres befindet, also mit allen Verunreinigungen, in den Handel kommt.

b) Von Rückenwäsche oder Pelzwäsche (fleece washed, lavée en dos) spricht man, wenn die Wolle auf dem Körper des Tieres gewaschen wurde. Sie ist alsdann reiner als die Schmutzwolle, enthält aber stets noch eine grosse Menge Fett, von dem sie vor dem Verspinnen befreit werden muss.

c) Bei der Vliesswäsche wird die Wolle nach der Schur aber vor dem Versand entweder nur halbgewaschen (scoured) oder vollkommen rein gewaschen (snow white).

d) Gewaschene Wolle oder Fabrikwäsche ist Wolle, die in den Spinnereien oder besonderen Wäschereien durch Waschen in alkalischen Laugen von Fett und allem sonstigen Schmutz befreit wurde.

e) Klettenwolle ist gewaschene Wolle, die noch die unter dem Namen Kletten bekannten pflanzlichen Beimengungen enthält.

f) Karbonisierte oder entklettete Wolle ist gewaschene Wolle, die durch das Karbonisieren von den pflanzlichen Beimengungen befreit wurde.

4. Nach der Entnahme vom Körper oder Fell:

a) Lammwolle ist die bei der ersten Schur des Tieres gewonnene Wolle. Sie ist viel feiner und weicher als die Wolle älterer Tiere, besitzt auch eine schönere weisse Färbung. Das einzelne Haar läuft am oberen Ende in eine Spitze aus.

b) Jährlingswolle ist die bei der zweiten Schur gewonnene Wolle und in ihren Eigenschaften der Lammwolle noch ähnlich. Da das Haar stets am Grunde wächst, so wird die mit der Lammwolle abgeschnittene Spitze des oberen Endes nicht mehr neugebildet.

c) Widder- und Mutterwolle ist Wolle von ausgewachsenen Tieren. Sie ist kräftiger und gleichmässiger als Lamm- oder Jährlingswolle.

d) Schurwolle stammt von gesunden lebenden Schafen.

e) Hautwolle stammt von gesunden geschlachteten Schafen.

f) Sterblingswolle ist die Wolle kranker oder an Krankheit gefallener Tiere. Infolge des mangelhaften Ernährungszustandes ist das Haar schlaff und mager, die Wolle folglich wenig elastisch. Sie hat überdies ein mattes Aussehen.

g) Gerberwolle ist die in den Gerbereien von den Häuten durch Abbeizen gewonnene Wolle. Sie ist hart, spröde und enthält infolge der Verwendung von gelöschtem Kalk als Enthaarungsmittel der Häute gewöhnlich grössere Mengen von Kalk. Neuerdings ersetzt man das Kalken durch Schwitzen der Felle.

5. Abfälle:

a) Kämmlinge (Noils) sind die beim Kämmen in der Kammgarnspinnerei, abfallenden kurzen Haare, die in der Streichgarnspinnerei Verwendung finden; Klettenkämmlinge heissen sie, wenn sie die beim Auskämmen der Wolle ebenfalls entfernten Kletten noch enthalten. Da Kammgarne nicht nur aus verschiedenen Schafwollen, sondern auch aus anderen tierischen Haaren hergestellt werden, so spricht man von Crossbred-, Angora-, Kaschmir-, Alpaka- u. a. Kämmlingen.

b) Krempel- oder Kratzenausputz ist der zusammenhängende kurze Faserstoff, der sich in dem Kratzenbeschlag der Krempeln ansetzt und zeitweilig herausgeholt wird.

c) Kunstwolle sind die durch Zerreissen wollener Abfälle wiedergewonnenen Haare. Man unterscheidet wesentlich Shoddy und Mungo und versteht unter ersterem längere, für sich allein verspinnbare, unter letzterem solche Wolle, die wegen ihrer Kürze nur mit längerer Wolle gemischt versponnen werden kann.

Die Eigenschaften, welche bei der Beurteilung der Güte einer Wolle in Betracht kommen, sind wesentlich folgende:

1. Die natürliche Farbe der Wolle ist in der Regel die weisse; andersgefärbte, braune, schwarze, rötliche Wollen kommen vor, doch müssen wir sie, verglichen mit der Menge der weissen Wolle, als selten bezeichnen. Bei der Beurteilung der Güte einer Wolle versteht man indessen unter der Farbe nicht die natürliche Färbung, sondern die Reinheit der weissen Färbung. Es handelt sich insbesondere darum, ob die gewaschene Wolle rein weiss ist, oder ob sie einen gelblichen oder ins Graue gehenden Ton hat; ferner darum, ob sie Bestandteile aufweist, die durch faulige Streu oder durch Urin gelb gebeizt sind.

2. Kräuselung. Die meisten feinhaarigen Wollen zeigen eine starke Kräuselung des einzelnen Haares. Diese Eigenschaft ist für die Streichgarnstoffe von der grössten Bedeutung; auf ihr beruht die eigentümliche Weichheit dieser Stoffe. Bei der Streichgarnspinnerei wird alles vermieden, was dem Haar die Kräuselung nehmen könnte. Infolgedessen behält es die Kräuselung im fertigen Faden und auch im Gewebe bei. Je zahlreicher und regelmässiger die Kräuselungen und je grösser die einzelnen Kräuselbogen sind, um so wertvoller ist die Wolle. Der Gegensatz von gekräuselt heisst schlicht.

3. Weichheit oder Milde beruht wesentlich auf der Kräuselung der Wolle. Die Eigenschaft kennzeichnet sich auch durch den eigentümlichen weichen Griff, den stark gekräuselte Wollen sowie Erzeugnisse aus solchen beim Anfühlen zeigen. Garne und Stoffe aus schlichtem, d. h. ungekräuseltem Rohstoff, Kammgarn-, Baumwoll-, Seidenstoffe usw. fühlen sich hart an. Mit der Feinheit der Faser steht die Weichheit der Fabrikate in keinem Zusammenhang.

4. Feinheit. Das Wollhaar bildet einen zylindrischen Körper mit kreisförmigem Querschnitt. Die Feinheit lässt sich somit durch den Durchmesser des Querschnittes ausdrücken. Die genaue Messung kann nur mit Hilfe des Mikroskopes geschehen. Die feinsten Wollen haben einen Querschnittsdurchmesser von 0,012 mm, die gröbsten gehen bis 0,06 mm. Nach der Feinheit unterscheidet man im Handel folgende Sorten: Super electa, Electa, Prima, Secunda, Tertia, Quarta.

5. Länge. Man hat hier zwischen Haarlänge und Stapellänge zu unterscheiden. Erstere ist die Länge des ausgestreckten unbelasteten Haares, letztere die Höhe der Wollstapel oder Strähnchen. Bei den gekräuselten Wollen stehen die Haare auf dem Körper des Tieres nicht vereinzelt, sondern zu grösseren Gruppen von eigentümlicher Gestalt, Strähnchen, vereinigt. In ihnen bilden die Haare regelmässige Kräuselungen. Sowohl die Strähnchen als die Kräuselungen der zu ihnen gehörigen Haare werden durch das Wollfett in ihrer Lage erhalten.

Für die Kammgarnspinnerei ist die Länge des Haares die wertvollste Eigenschaft, der alle anderen Rücksichten untergeordnet werden. Für die Streichgarnspinnerei hat die Länge des Haares geringere Bedeutung, jedoch ist unter sonst gleichen Verhältnissen die längere Wolle die wertvollere.

6. Dehnbarkeit. Tierische Haare lassen sich durch mässigen Zug über ihre natürliche Länge hinaus erheblich, bis zu 40%, ausziehen und gehen nach Aufhören des Zuges in ihre frühere Ausdehnung zurück. Diese Eigenschaft nennt man Dehnbarkeit. Sie ist für die Bearbeitung der Wolle wertvoll, weil eine grössere Dehnbarkeit ein gesundes, kräftiges Haar anzeigt und gleichzeitig bekundet, dass die Wolle beim Waschen, Trocknen und insbesondere beim Karbonisieren nicht gelitten hat.

7. Elastizität. Presst man eine kleinere Menge gewaschener Wolle mit der Hand kräftig zusammen, so muss sie beim Oeffnen der Hand stetig und vollständig ihr früheres Volumen wieder annehmen. Dies nennt man Elastizität. Die Eigenschaft bekundet, dass die Wolle gesund und kräftig, auch

dass sie fettrein gewaschen ist. Die Wolle soll elastisch, aber sie darf nicht starr und steif sein. Schlaffe, d. h. unelastische Wolle deutet auf schlechte Ernährung des Tieres und damit auch des Haarkleides. (Sterblingswolle.)

8. Stärke oder Festigkeit wird gemessen durch das Gewicht, bei dem das belastete Haar abreisst. Dasselbe hängt natürlich in erster Linie von dem Querschnitt des Haares ab, zeigt also nur für Haare mit gleichem Querschnitt vergleichbare Ergebnisse. Je grösser bei gleichem Querschnitt die Festigkeit, um so besser ist die Wolle. Die Prüfung der Festigkeit gibt insbesondere auch Aufschluss, ob das Haar beim Waschen, Karbonisieren usw. der Wolle gelitten hat.

9. Wassergehalt. Wolle ist wie jedes tierische Haar stark hygroskopisch, d. h. sie vermag eine grössere Menge Wasserdampf zu binden. Diese

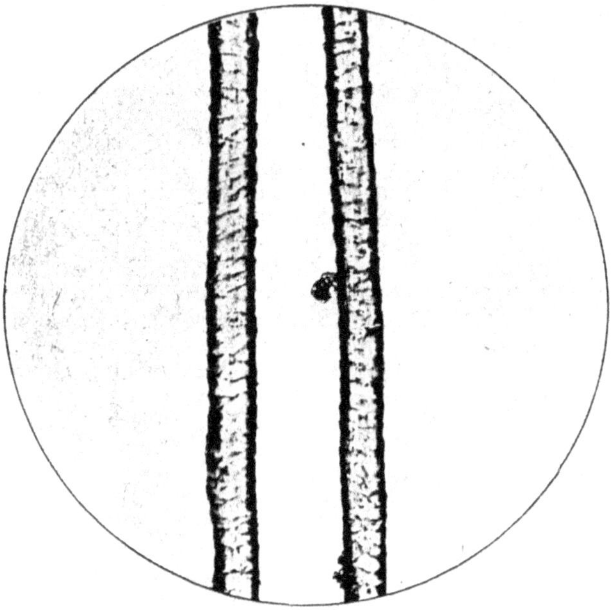

Fig. 10. Merinowolle. Die Schuppen sind ringförmig gebildet und umfassen den ganzen Haarschaft. Mikrophotogr. Aufnahme nach der Natur.

Eigenschaft haben auch die pflanzlichen Gespinstfasern, jedoch nicht in dem Masse wie die Wolle. Insbesondere ist bei der Wolle wichtig, dass der Wassergehalt nach dem Feuchtigkeitsgehalt der umgebenden Luft stark schwankt. Als normale Feuchtigkeit für gewaschene Wolle gilt ein Wassergehalt von 17%. Die Bestimmung des Feuchtigkeitsgrades, das Konditionieren, geschieht durch Trocknen der Wolle bei 110° C und abwiegen im Trockenraum. Der Gewichtsverlust ist Wasser.

In den Abbildungen 10 und 11 sind die mikrophotographischen Bilder der beiden Hauptwollsorten dargestellt. Beide Bilder sind mit derselben Vergrösserung (300) hergestellt, geben somit auch einen Vergleich zwischen den feinhaarigen Merinowollen und den grobhaarigen Crossbredwollen. Die Abbildungen zeigen ferner die eigentümliche Oberflächenbeschaffenheit des Wollhaares. Das ist mit Oberhautschuppen versehen, die dachziegelförmig übereinander greifen. Die Schuppen sind bei den feinhaarigen Wollen viel vollkommener und stärker ausgebildet als bei den grobhaarigen. Auf dem Vorhandensein dieser Oberhautschuppen beruht die Fähigkeit des Wollhaares, sich zu verfilzen. Es geschieht dies, indem benachbarte Haare mit einzelnen Schuppen ineinandergreifen. Hiervon macht man bekanntlich in der Filzfabrikation und beim Walkprozess in der Wollenindustrie Anwendung. Es begreift sich, dass und weshalb feinhaarige Wollen besser walken als grobhaarige.

b) Ziegenwolle.

Die Familie der Ziegen weist verschiedene Arten geschätzter Wollträger auf. Unsere einheimische Ziege trägt, wenn sie einigermassen ihrer Natur nach, d. h. im Freien leben kann, zur Winterszeit ein dichtes Kleid aus weichem Flaum-

Fig. 11. Crossbredwolle. Die Schuppenbildung ist plattenförmig. Längsstreifung vorhanden. Mikrophotogr. Aufnahme nach der Natur.

haar, das einen guten Gespinststoff liefert. Noch besser verwertbar ist das Haar ihrer asiatischen Verwandten, der Angora- und der Kaschmirziege.

Die Angoraziege hat ihren Namen von der kleinasiatischen Stadt Angora, war ursprünglich daselbst heimisch, ist aber nach Europa und neuerdings auch nach Nordamerika verpflanzt worden. Sie trägt ein langes, ziemlich grobes Haar von weisser Färbung, das nicht eigentlich gekräuselt ist, aber eigentümliche Wellungen zeigt, die in ausgekämmtem Zustande, wenn die einzelnen Haare parallel liegen, besonders schön zur Wirkung kommen. Als grobhaariger Spinnstoff zeigt die Angorawolle einen schönen Glasglanz, und da man bei ihr diesen Glanz am frühesten beobachtete, so hat sie geradezu den Namen Glanzwolle erhalten, so dass man mit der Bezeichnung Glanzwolle ohne erläuternden Zusatz immer Angorawolle meint. Die Handelsbezeichnung für sie ist meistens Mohair. Sie eignet sich wegen ihrer Länge und mangelnden

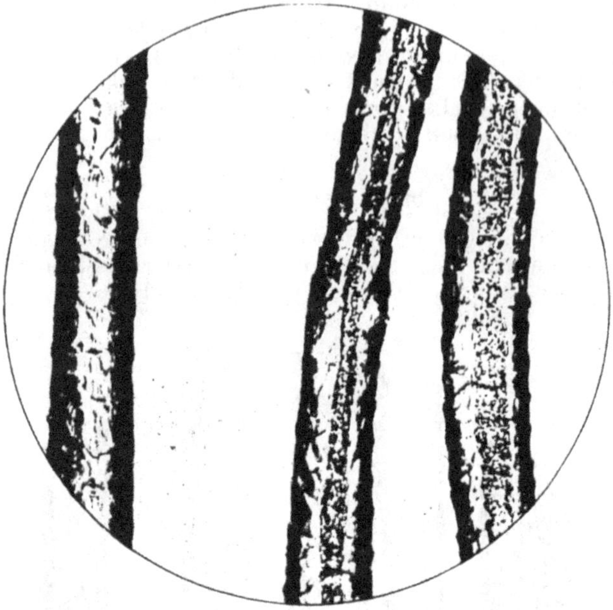

Fig. 12. Angorahaare. Die Schuppenbildung ist weniger dicht, die einzelnen Schuppen sind scharf gezahnt. Oft starker Markstrang sichtbar. Mikrophotogr. Aufnahme nach der Natur.

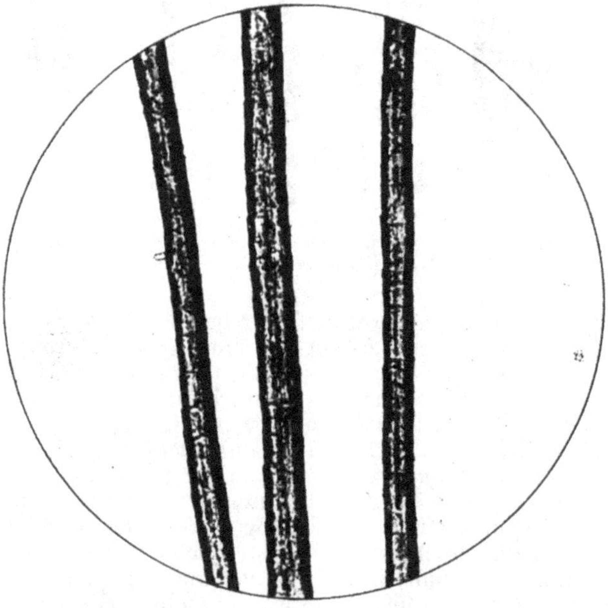

Fig. 13. Kaschmirhaar. Sehr feine, schwache Schuppenbildung und Markinseln. Mikrophotogr. Aufnahme nach der Natur.

Kräuselung besonders zu Kammgarn: die abfallenden Kämmlinge bilden einen Spinnstoff für den Streichgarnspinner.

In Fig. 12 ist das mikrophotographische Bild des Haares dargestellt. Die Oberhautschuppen sind wenig ausgebildet, deshalb ist die Filzfähigkeit des Haares gering.

Die Kaschmirziege ist in Klein- und Grosstibet, der Bucharei und in Ostindien heimisch, seit 1820 auch in Frankreich mit bestem Erfolge gezüchtet worden. Sie trägt ein langes, schlichtes Grannenhaar und darunter ein sehr dichtes und ausserordentlich feines Flaumhaar. Ausserdem aber finden sich in der Wolle des Tieres eine Menge grober Haare, Stichelhaare, die die Verarbeitung ausserordentlich erschweren. Die Grannen- und Flaumhaare sind weiss, gelblich-weiss bis braun; auch dunklere Färbungen kommen verein-

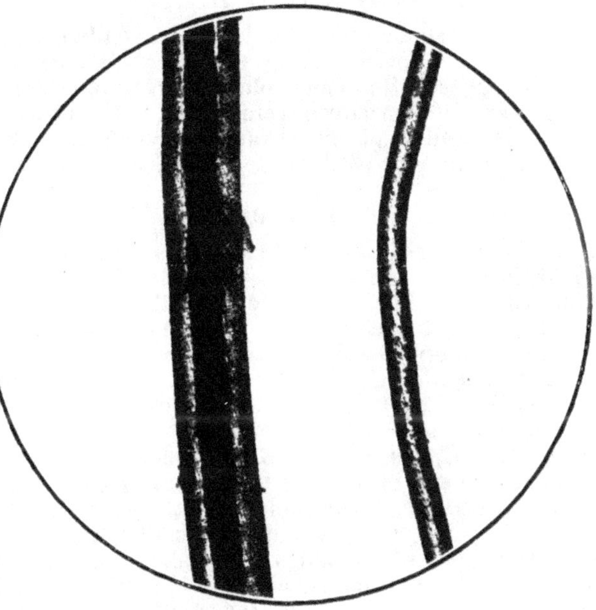

Fig. 11. Kamelhaar. Stichelhaar und Flaumhaar. Mikrophotogr. Aufnahme nach der Natur.

zelt vor. Die Stichelhaare sind stets dunkel bis schwarz. Diese Haare eignen sich besonders zu Kammgarn. Hierbei fallen mit den Kämmlingen die Stichelhaare heraus. Die Verarbeitung der Kämmlinge aber bereitet dem Streichgarnspinner wegen der vielen Stichelhaare Schwierigkeit. Das Haar ist nicht filzfähig.

c) Kamelwolle.

In der Textilindustrie bezeichnet man als Kamelhaar das Haar der eigentlichen, altweltlichen Kamele, sowie dasjenige des Paco und des Vicuña. Letztere, die man als die südamerikanischen Vertreter der Kamele bezeichnet, gehören zu den Schafkamelen. Das eigentliche Kamelhaar ist hell rotbraun, ziemlich lang, fein und weich. Kräuselung fehlt, ebenso Oberhautschuppen. Das Haar ist deshalb nicht filzfähig. Die Wolle enthält stets eine Menge grober

Stichelhaare. Ihrer Beschaffenheit nach eignet sie sich besonders zu Kammgarn. Die Fig. 14 enthält das mikrophotographische Bild des spinnbaren Kamelhaares und daneben dasjenige eines Stichelhaares.

Das Haar des Paco wird Alpakawolle genannt. Es ist lang, schlicht, ziemlich grob, meistens tief rotbraun bis schwarz von Färbung, jedoch kommen auch hellere und sogar weisse Alpakawollen vor. Stets sind grosse Mengen von Stichelhaare vorhanden. Es eignet sich wie das Kamelhaar zu Kammgarn.

Das Haar des Vicuña wird Vicuñawolle genannt. Es ist stets hell- bis dunkelrotbraun gefärbt, lang, schlicht, von ausserordentlicher Weichheit und Milde. Bezüglich der Feinheit steht es, wie das mikrophotographische Bild Fig. 15 zeigt, auf einer Linie mit den besten feinhaarigen Merinowollen. Filzfähigkeit fehlt.

d) Kuhhaar.

Man gewinnt das Kuhhaar nicht durch Schur, sondern in den Gerbereien durch Abbeizen von den Häuten. Es ist deshalb stets eine Art Gerberwolle mit allen schlechten Eigenschaften einer solchen. In neuerer Zeit wird es indessen vielfach zu groben Wollenzeugen verarbeitet. Das Haar ist mittellang, ziemlich grob, schlicht und zeigt die bekannten, vielfachen Färbungen. Das mikroskopische Bild ist in Fig. 16 dargestellt.

e) Seide.

Die Seide ist ebenfalls ein tierisches Erzeugnis. Sie unterscheidet sich jedoch von allen übrigen der Tierwelt so wesentlich, dass ausser der Herkunft kein gemeinsames Merkmal bleibt. Während Wolle und Haare jeder Art aus Zellen bestehen, ist die Seide eine strukturlose Ausscheidung. Der „Seidenwurm" oder „die Seidenraupe" ist die Larve des Seiden- oder Maulbeerspinners, eines Schmetterlings aus der Gruppe der Nachtfalter. Aus den blaugrauen Eiern von Mohnsamengrösse kriechen infolge des durch Wärme bewirkten Ausbrütens 2—3 mm grosse Raupen, die bei guter Nahrung und genügender Wärme (mindestens 20° C) rasch wachsen und innerhalb 30 Tagen eine Länge bis zu 9 cm erreichen. Nach dieser Zeit beginnt die Raupe sich einzuspinnen. Sie bildet um sich eine Hülle, Kokon oder Galette genannt. Zu dem Zwecke sondert sie aus zwei dicht nebeneinander liegenden, mikroskopisch kleinen Oeffnungen der Unterlippe zwei Strahlen einer zähen Masse ab, die an der Luft sofort erstarren und sich zugleich zu einem Doppelfaden vereinigen, dessen Anfang die Raupe an Reisig oder dergl. befestigt. Weiterhin ordnet sie den Doppelfaden in regelrechten Windungen. In dem fertigen Kokon bleibt das Tier noch zwei bis drei Wochen, erleidet bald nach dem Einspinnen eine neue Verwandlung, wird zur Puppe und durchbricht schliesslich als Schmetterling die Hülle. Ehe es jedoch soweit kommt, wird die Puppe durch Hitze getötet, da ein durchbrochener Kokon nicht mehr abgewickelt werden kann. Die Grösse eines Kokons ist verschieden, es gibt solche von 1 g bis zu 3 g Gewicht. Im völlig trockenen Zustande kommt etwa ein Drittel des Gewichtes auf die Seidenhülle.

Ein eigentliches Spinnen der Seide ist unnötig, es brauchen die Kokons nur abgehaspelt zu werden. Der Kokonfaden ist zu fein (0,013—0,026 mm), um verarbeitet zu werden, es müssen mehrere Fäden vereinigt werden. Die Vereinigung erfolgt zunächst nicht durch Drehen, sondern durch Aneinanderkleben. Vor dem Abhaspeln werden die Kokons, um die sie verbindende Leimschicht zu lösen, in heisses Wasser gelegt. Der erweichte Leim sorgt dafür, dass die abgehaspelten Fäden zusammenkleben, wenn sie dicht aneinander gelegt und zusammengepresst werden.

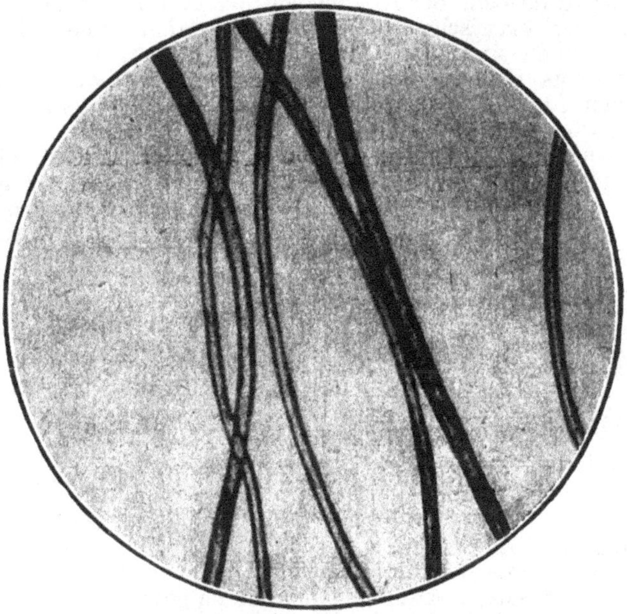

Fig. 15. Vicuñahaar.
Mikrophotogr. Aufnahme nach der Natur.

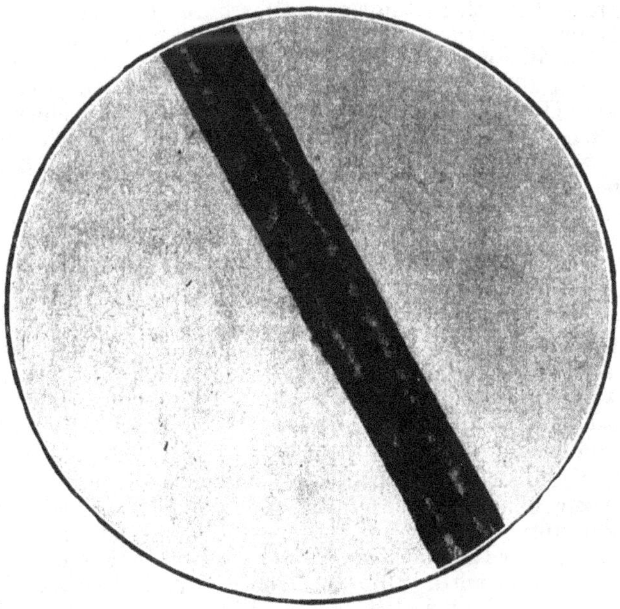

Fig. 16. Kuhhaar.
Mikrophotogr. Aufnahme nach der Natur.

Der durch Abhaspeln der Kokons gewonnene Faden bildet die eigentliche Seide (reale oder klassische Seide). Der Kokonfaden hat eine Länge von über 3000 m, davon sind jedoch nur 300—900 m abzuhaspeln. Aus Kokonabfällen sowie aus Kokons, die aus irgendeinem Grunde nicht abgehaspelt werden können (durchbissene Kokons, Doppelkokkons usw.) gewinnt man eine zweite Sorte Seide, die Chappe- oder Floretseide. Die bei der Fabrikation der Chappeseide sich ergebenden Abfälle werden gekrempelt und weiterhin zu einem Garn verarbeitet, das Bourettcseide genannt wird.

Ausser von dem Maulbeerspinner gewinnt man seit einigen Jahrzehnten von der Larve des Eichenspinners Seide. Dieses Erzeugnis wird Tussahseide genannt. Die Faser ist erheblich gröber als die des Maulbeerspinners, in ihrem sonstigen Verhalten aber dieser vollkommen gleich.

Das mikrophotographische Bild der beiden Seidenfasern ist in den Figuren 17 und 18 dargestellt. Fig. 17 enthält die Faser des Maulbeerspinners, Fig. 18 die des Eichenspinners. Fig. 17 zeigt in der einen Hälfte den vom Raupen erzeugten Doppelfaden und in der anderen Hälfte die voneinander gelösten Einzelfäden (vgl. 88).

4. Kunstseide oder künstliche Seide.

Die künstliche Seide steht in ihren Eigenschaften der natürlichen Seide nahe. Die natürliche Seide entsteht, wie wir oben gesehen haben, aus einer zähen, dickflüssigen Masse, die die Raupe erzeugt. Zu dem Zwecke sammelt sie aus dem ganzen Körper Säfte in zwei langen, vielfach gewundenen Kanälen, mischt sie innig und befördert die Mischung nach vorn, wo sie aus zwei Drüsen mit feinen Oeffnungen austritt und an der Luft erstarrt. In derselben Weise arbeitet die Kunstseidenfabrik. Sie gleicht überhaupt im grossen dem Körper der Raupe. An verschiedenen Stellen werden die Chemikalien bereitet, gesammelt, gemischt und durch Leitungen zu Glasröhren mit feinen Oeffnungen, den Drüsen der Raupe, befördert, durch die die Spinnmasse in Form von feinen Strahlen austritt, die entweder ebenfalls an der Luft oder in einer besonderen Flüssigkeit, der Fällflüssigkeit, erstarren. Statt der Glasröhren verwendet man auch kleine Hütchen aus Metall, meistens Platin, mit einem Durchmesser von etwa 2—3 cm Grösse, Spinndüsen genannt, die den Abschluss einer mit der Spinnmasse gefüllten Leitung bilden und so viele kleine Löcher enthalten, als Spinnfäden zu gleicher Zeit hergestellt werden sollen. Der Unterschied zwischen der Arbeit der Raupe und der Fabrik besteht aber darin, dass letztere nicht erst einen Kokon herstellt, sondern den Rohseidenfaden unmittelbar aus mehreren Einzelfäden erzeugt. Der künstliche Rohseidenfaden wird nun ebenso wie der natürliche behandelt d. h. filiert, doubliert, gezwirnt und gehaspelt, vgl. S. 85.

Man unterscheidet drei Arten von Kunstseide: Nitro- oder Kollodiumseide, Kupferseide oder Glanzstoff und Viskoseseide. Der Grundstoff ist für alle gleich, nämlich Zellulose in Form von Baumwolle, die ziemlich reine Zellulose darstellt, oder Holzzellulose (vgl. S. 18). Die Chemikalien zur Ueberführung der Zellulose in die Spinnmasse sind verschieden.

Bei der Nitroseide wird der Grundstoff zunächst nitriert d. h. mit Schwefel- und Salpetersäure behandelt, sorgfältig gewaschen und getrocknet. Die entstandene Kollodiumwolle wird in Aether-Alkohol gelöst und bildet jetzt die Spinnmasse, die an der Luft oder im Wasser erstarrt, indem der Aether-Alkohol verdunstet oder gelöst wird. Um die leichte Entzündbarkeit der Nitroseide zu beseitigen, wird sie denitriert d. h. mit Mitteln behandelt, die Nitrogruppen reduzieren.

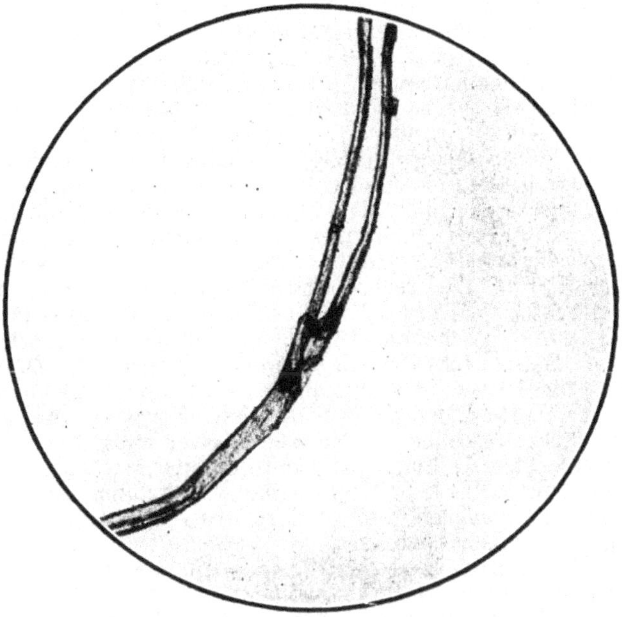

Fig. 17. Ital. Rohseide.
Mikrophotogr. Aufnahme nach der Natur.

Fig. 18. Tussah-Seide.
Mikrophotogr. Aufnahme nach der Natur.

Bei der Kupferseide wird der Grundstoff in Kupferoxyd-Ammoniak gelöst, womit die Spinnlösung fertig ist. Als Fällflüssigkeit dient meistens Natronlauge mit Zuckerzusatz. Die erstarrte Seide wird durch Säuern und Waschen von allen chemischen Rückständen befreit.

Die Herstellung der Viskoseseide ist sehr umständlich. Zunächst wird die Zellulose durch Behandlung mit Natronlauge in Natronzellulose umgewandelt, also mercerisiert (vgl. S. 5), dann folgt eine Einwirkung von Schwefelkohlenstoff auf die Natronzellulose, wobei ein neuer Körper Natriumzellulosexanthogenat entsteht. Dieser endlich ist in Alkalien löslich und die Lösung bildet die Spinnmasse, die Viskose genannt wird. Als Fällflüssigkeit dient Schwefelsäure, in der ein Salz gelöst ist. Hierbei wird die Seide aus der Viskose als Zellulosehydrat abgespalten. Die freigewordenen Chemikalien werden durch Schwefelnatrium und Wasser entfernt. Das Abspalten des Hydrats muss zu einem bestimmten Zeitpunkt geschehen. Frische Viskose spaltet sich sehr schwer und zu alte Viskose spaltet sich von selbst, indem sie gerinnt. Zum Verspinnen und Fällen darf die Viskose erst genommen werden, wenn sie nicht mehr lange von dem Gerinnen entfernt ist. Man nennt diesen Zeitpunkt die Reife, die etwa eine Woche nach Fertigstellen der frischen Viskose eintritt.

Die Nitroseiden-Herstellung ist in Deutschland als zu teuer so gut wie ganz aufgegeben worden; auch die Kupferseiden-Herstellung ist zugunsten der Viskose eingeschränkt worden, weil letztere, trotz der Schwierigkeit ihre Erzeugung billiger zu stehen kommt.

Der Glanz der Kunstseide ist im allgemeinen höher als der der natürlichen Seide, ihr Griff ist nicht so weich, da sie nicht so fein ausfällt wie der Kokonfaden. Färben lässt sich Kunstseide ebenso gut wie Naturseide. Die Festigkeit der Kunstseide ist $\frac{1}{3}$— $\frac{1}{2}$ und ihre Elastizität etwa $\frac{1}{2}$ von der der echten Seide. Unangenehm ist es, dass die Kunstseide im feuchten Zustande erheblich an Festigkeit verliert. Dieser grosse Mangel ist zwar mit der Zeit verbessert, aber noch nicht ganz beseitigt worden.

Abfälle bei der Kunstseide-Erzeugung werden zusammen mit Wolle versponnen.

Neuerdings ist man dann übergegangen, die Kunstseide in kurze Stücke zu zerschneiden und sie allein für sich wie Wolle oder Baumwolle zu verspinnen. Es soll dadurch dem Mangel an diesen Rohstoffen begegnet werden. Man hat dem Erzeugnis den sonderbaren Namen Stapelfasergarn gegeben, weil die für die Fadenbildung zurechtgeschnittenen Stücke dem verschiedenen Stapel d. h. der Länge der Wollhaare oder Baumwollfasern angepasst werden können.

Die Verarbeitung der Rohstoffe zu Gespinsten.

1. Die Herstellung der Baumwollgarne.

Das Oeffnen und Reinigen. Da die in der europäischen Industrie zur Verwendung kommende Baumwolle einen weiten Seeweg zurückzulegen hat, so ist man darauf angewiesen, den Laderaum der Schiffe nach Möglichkeit auszunutzen, und dadurch eine Verminderung der Frachtkosten zu erzielen. Aus diesem Grunde presst man die Baumwolle vor der Verschiffung mittels hydraulischer Pressen unter gewaltigem Druck in Ballenform stark zusammen. Vor dem Verspinnen muss der Faserstoff jedoch wieder aufgelockert werden. Hierzu bedient man sich besonderer Maschinen, die den Namen Oeffner (Opener) führen. Durch sie werden auch die in der Baumwolle enthaltenen Verunreinigungen, wie Staub, Blätter und Blattstücke, Samenschalen und Samenkörner u. a. herausgeschlagen. Sie dienen also gleichzeitig als Reinigungsmaschinen.

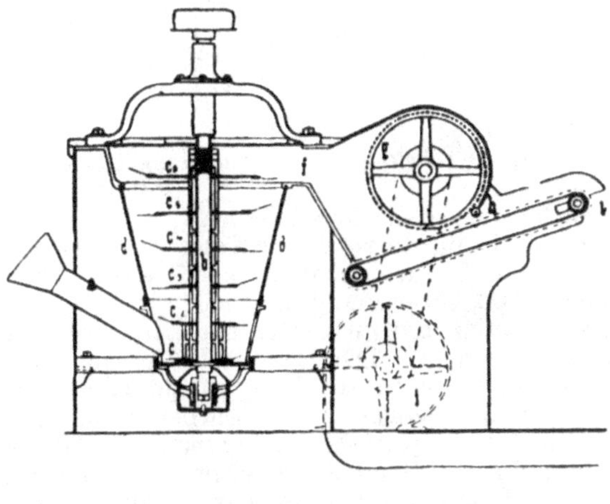

Fig. 19. Oeffner von Crgthon.

Von den gebräuchlichen Oeffnern enthält Fig. 19 die Maschine von Crighton, Fig. 20 diejenige von Taylor, Lang u. Cie. Erstere ist die verbreitetste.

Der Crighton-Oeffner enthält eine senkrechte Achse b mit einer Anzahl Kreisscheiben C_1—C_6, die nach oben zu grösser werden. Die Scheiben tragen auf ihrem Umfange eiserne Schläger, die abwechselnd wagerecht gestellt und aufwärts gebogen sind. Die Zahl der Schläger wächst mit der Grösse der Scheibe; die kleinste Scheibe hat 4, die grösste 14 Schläger. Die Achse b mit den Scheiben ist von einem kegelförmigen Mantel aus Drahtgitter umgeben. Das Speiserohr a dient zum Einführen der Baumwolle. Sobald der Faserstoff der Einwirkung der Schläger der untersten Scheibe ausgesetzt wird, beginnt er sich um die Achse b zu bewegen. Dadurch entsteht Zentrifugalkraft, die die Baumwolle aufwärts treibt. Die Schläger der nächstfolgenden Scheibe besitzen grössere Umfangsgeschwindigkeit und bearbeiten den Rohstoff weiterhin und stärker. Durch die Zentrifugalkraft wird die eingebrachte Baumwolle allmählich nach oben geführt, wobei sie durch die grössere Schlägerzahl und die grössere Geschwindigkeit jeder folgenden Scheibe stärker aufgelockert wird. Bei f fliegt die Baumwolle heraus und gegen die Siebtrommel g. Sie steht mit dem Ventilator i in Verbindung. Der Luftstrom saugt Staub und sonstige Verunreinigungen durch die Maschen der Trommel ab. Der Faserstoff fällt auf den endlosen Tisch h und wird bei k aus der Maschine befördert. Um die saugende Wirkung des Ventilators i möglich zu machen, ist die ganze Maschine mit einem geschlossenen Kasten umgeben, aus dem nur das Mundstück a des Speisetrichters herausragt. Die Luft wird folglich bei a angesaugt und bewirkt, dass dort eingebrachte Baumwolle sofort zu den Scheiben C geführt

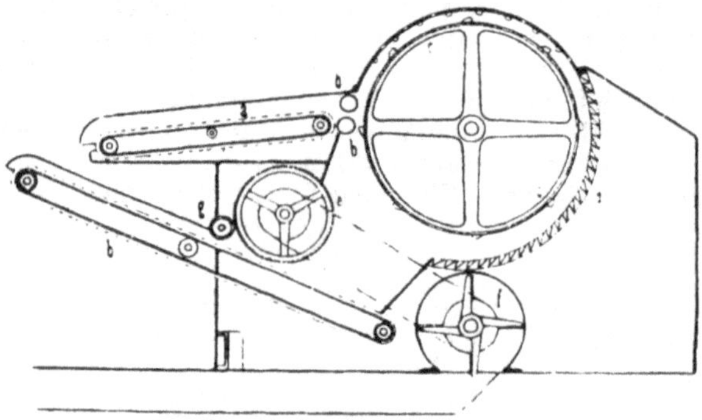

Fig. 20. Oeffner von Taylor, Lang u. Cie.

wird. Der wesentliche Vorzug der Maschine liegt darin, dass sie die Baumwolle schont. Bei der Bearbeitung durch die Schläger wird der Faserstoff nirgends festgehalten, kann deshalb auch nicht zerrissen werden. Die Welle b macht in der Minute 800—1000 Umdrehungen.

Der Oeffner von Taylor, Lang u. Cie. ist nach Art der in der Wollenindustrie bekannten Reisswölfe gebaut. Die Baumwolle gelangt von dem endlosen Speisetisch a durch die Speisewalzen b_1 b_2 an die Trommel c. Sie trägt auf ihrem Umfang Messer oder Schläger. Sie bearbeiten die Baumwolle zunächst dort, wo sie zwischen den Speisewalzen hervortritt, und weiterhin dadurch, dass der mitgeführte Faserstoff an den stumpfen Zähnen des Mantels Widerstand findet, der die Trommel auf ihrer obern Hälfte umgibt. Bei d ist der Mantel durchlöchertert, so dass Verunreinigungen hindurchfallen. Die Siebtrommel e, der Ventilator und der endlose Tisch h haben dieselbe Aufgabe, wie beim Crighton-Oeffner. Die Walze g soll ein Mitführen von Faserstoff durch die Siebtrommel verhüten.

D a s S o r t i e r e n u n d M i s c h e n der Baumwolle zu einer bestimmten Spinnmenge wird gewöhnlich schon vor dem Oeffnen vorgenommen; nach dem Oeffnen nur dann, wenn die zu mischenden Sorten in bezug auf Feinheit sehr verschieden sind.

D a s S c h l a g e n u n d W i c k e l n. Die vom Oeffner kommende Baumwolle wird einer weitern Maschine übergeben, die sie nochmals auflockert, gleichzeitig aber die Aufgabe hat, aus ihr Decken von bestimmter Länge, Wickel zu formen. Die Maschine heisst Schlag- und Wickelmaschine (Batteur). Gewöhnlich wird die Wolle auf zwei gleichartigen Maschinen hintereinander bearbeitet. Auf den Speisetisch der zweiten Maschine legt man alsdann nicht lose Baumwolle, sondern zwei und mehr der von der vorhergehenden Maschine gebildete Wickel auf. Die zweite Maschine heisst deshalb auch Doublierbatteur. Das Doublieren hat den Zweck, die von der zweiten Maschine gebildeten Wickel möglichst gleichmässig zu machen.

Die Einrichtung und Arbeitsweise der in Rede stehenden Maschine ist aus Fig. 21 ersichtlich. Die Baumwolle gelangt von dem endlosen Speisetisch zwischen die Mulde d und die Druckwalze c und wird beim Heraustreten zwi-

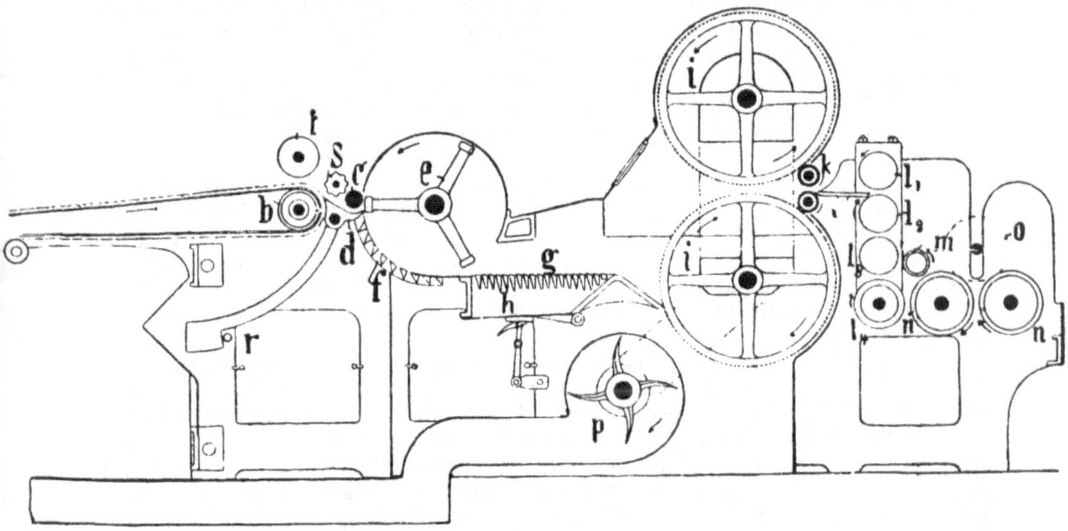

Fig. 21. Schlagmaschine.

schen ihnen von den Schlägern der Walze e erfasst und aufgelockert. Durch die Gitter f und g werden mit Hilfe des Ventlators p Staub und sonstige Verunreinigung entfernt. Weiterhin gelangt der Faserstoff zu den Siebwalzen i i und wird zwischen ihnen und den Druckwalzen l_1—l_4 zu einer Decke verdichtet. Die Walzen k verhüten ein Mitnehmen der Baumwolle durch die Walzen i i und leiten sie zu den Druckwalzen l_1—l_2. Die zwischen l_1 und l_2 heraustretende Decke wird sodann zwischen den Walzen l_2 und l_3 und von dort zwischen den Walzen l_3 und l_4 durchgeführt. Die Walzen l_1—l_4 sind Druckwalzen und bewirken die Verdichtung des Faserstoffs zu einer zusammenhängenden Decke. Nach dem Heraustreten zwischen l_3 und l_4 gelangt die Decke zwischen m und n hindurch zu der Walze o, auf die sie aufgewickelt wird. Die Zapfen von o können sich in ihren schlitzförmigen Lagen nach oben und unten bewegen. Das Bilden der Wickel, d. h. der zusammengerollten Decken, erfolgt durch die Bewegung der Walzen n n, auf denen die Wickel stetig aufruhen. Die Achse o rückt in dem Masse, wie die Wickel dicker werden, aufwärts.

Um gleichförmige und stets gleich grosse Wickel zu erzeugen, ist zunächst der endlose Speisetisch durch farbige Latten in gleiche Teile, gewöhnlich von 1 Yard Ausdehnung, geteilt. Der Arbeiter, der die Maschine bedient, hat auf jeden Teil des Tisches dieselbe abgewogene Fasermenge aufzulegen. Ferner ist Vorsorge getroffen, dass die Maschine selbsttätig still gestellt wird, sobald der Wickel um o eine bestimmte Dicke erreicht hat. Nur die Wickelwalzen n n setzen dabei ihre Bewegung fort. Die Folge ist, dass die Decke hinter m abreisst. Der Arbeiter nimmt jetzt den Wickel ab und legt eine neue Achse o ein, wickelt auch den Anfang des neuen Wickels auf diese, so dass das Spiel wieder beginnen kann. Die Walze s soll den Faserstoff beim Eintritt in die Mulde d niederdrücken, die Walze t dient als Schutzwalze. Die Mulde d wird durch Hebel und Gewicht gegen die Walze c angedrückt.

Bei dem Doublierbatteur ist der Gang der Arbeit genau derselbe. Häufig werden an der Maschine zwei hintereinanderliegende Achsen mit Schlägern angebracht. Die Schlägerachse macht in der Minute bis zu 1500 Umdrehungen.

Das Kardieren oder Krempeln. Die von dem Doublierbatteur abgelieferten Wickel oder Decken werden weiterhin auf einer Krempelmaschine bearbeitet. Diese Bearbeitung besteht wesentlich darin, dass der Faserstoff auf einem Kratzenbeschlag ausgebreitet und fortbewegt wird, wobei die einzelnen Fasern an einem zweiten Kratzenbeschlag vorbeigeführt werden und an diesem Widerstand finden. Die Einwirkung der beiden Kratzenbeschläge auf den zwischengebrachten Faserstoff nennt man Streichen, Kratzen oder Kardieren und sie äussert sich darin, dass die Fasern vollständig zerteilt und aufgelöst und bei der wiederholten Arbeit auf mehreren derartigen Maschinen auch in der Bewegungsrichtung der Kratzenbeschläge gerade gerichtet und parallel gelegt werden. Bei dem Krempeln auf einer einzigen Maschine, wie es in der Baumwollspinnerei meistens üblich ist, tritt die letztere Wirkung weniger zutage.

Die Kratzen einer Krempel bestehen aus feinen Drahthäkchen, die durch eine Unterlage aus Leder oder aus einem mehrfachen Baumwollgewebe durchgesteckt und in dieser befestigt sind. Die Unterlage mit den eingesteckten Zähnen heisst eine Kratze. Diejenigen Kratzen nun, auf denen der Faserstoff ausgebreitet und fortgeführt wird, werden stets auf dem Umfang einer grossen Walze, Trommel oder Tambour genannt, aufgewickelt. Die Fortbewegung des Faserstoffes erfolgt durch die Umdrehung des Tambours. Die Kratzen aber, an denen der auf dem Tambour befindliche Rohstoff Widerstand und somit Bearbeitung finden soll, werden entweder ebenfalls auf Walzen oder aber auf Deckeln befestigt. Darnach unterscheidet man Walzenkrempeln und Deckelkrempeln. Fig. 22 zeigt eine Deckelkrempel mit wandernden Deckeln.

Das Krempeln hat eine ungleich grössere Bedeutung bei der Herstellung wollener Strichgarne, als in der Baumwollspinnerei. Um Wiederholungen zu vermeiden, sollen deshalb hier nur wenige Bemerkungen gemacht, die nähere Darlegung der Maschine sowie insbesondere der Kratzen aber der Beschreibung der Wollspinnerei vorbehalten bleiben.

Bei der in Fig. 22 dargestellten Deckelkrempel werden die von der Schlagmaschine kommenden Wickel mit den Zapfen der eisernen Achsen in die Schlitze des Gestelles a eingelagert, so dass der Wickel mit dem unteren Teile auf der Walze b aufruht. Sie befördert durch ihre Drehung das Abwickelen des Wickels. Die Decke gelangt durch Muldeneinführung c an die mit Kratzenbeschlag versehene Walze d, die sie zerfasert und den aufgenommenen Faserstoff an den Tambour e abgibt. Oberhalb des Tambours befinden sich die mit Kratzenbeschlag versehenen wandernden Deckel. Sie bestehen aus einzelnen Gliedern, die in Form einer endlosen Kette aneinandergereiht sind und durch zwei gezahnte Walzen bewegt werden. Zwei weitere Walzen dienen als Führung und Stütze für die zurückgehenden Deckel. An der Arbeisstelle, also da, wo der Katzenbeschlag der Deckel dem des Tambours gegenübersteht, werden die Deckel an beiden Seiten in besonderen feststehenden Schienen geführt. Auf dieser Strecke findet die Bearbeitung des Faserstoffs statt. Weiterhin folgt die ebenfalls mit Kratzenbeschlag versehene Walze i, der Peigneur. An ihn gibt der Tambour den Faserstoff ab, so dass er nunmehr auf dem Kratzenbeschlage von i ausgebreitet ist. An der gegenüberliegenden Seite von i befindet sich der Hacker k, ein schnell auf und nieder schwingender schmaler Kamm. Er kämmt den Faserstoff von dem Beschlage von i in Form eines zusammenhängenden dünnen Flors ab. Der Flor wird zu dem Trichter l geleitet, in ihm zu einem zylindrischen Band verdichtet und durch

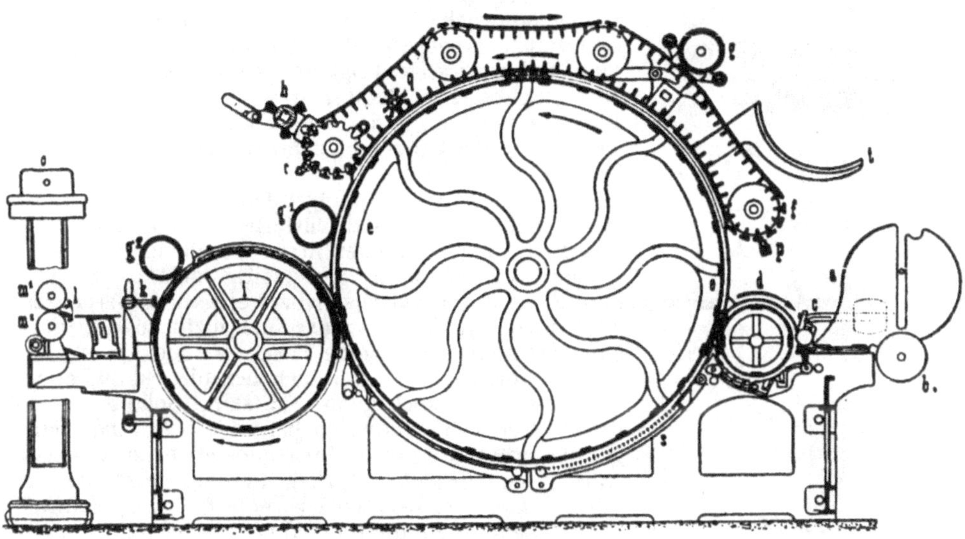

Fig. 22. Deckenkrempel.

die Walzen m_1 m_2 hervorgezogen. Das Band, die Lunte, wird in das zylindrische Gefäss o, die Kanne geführt, die sich ständig um ihre Achse dreht und dadurch die Lunte in Schraubenwindungen in sich lagert. Die gefüllte Kanne geht zur nächstfolgenden Maschine. Der Kratzenbeschlag der wandernden Deckel muss ständig oder wenigstens zeitweilig von zurückgehaltenen Fasern gereinigt, geputzt werden. Eine stetige Reinigung ist vorteilhafter und bei den heutigen Maschinen allgemein eingeführt. Das Putzen besorgen der schwingende Kamm r, der den Faserstoff aus den Zähnen der Deckel herausholt, ferner die Bürstwalzen h und q und die feststehende Bürste p. Die Walzen g, g_1, g_2 sind Schleifwalzen, die die Kratzen der Deckel sowie die des Tambours und Peigneurs mit einer Schneide versehen, d. h. spitz schleifen. Natürlich kann das Schleifen nur dann stattfinden, wenn keine Wolle auf den Kratzen liegt; die Schleifwalzen sind deshalb abnehmbar.

D a s S t r e c k e n. Die nächstfolgende Maschine ist die S t r e c k e. Sie hat die Aufgabe, die Fasern in den von der Krempel gebildeten Bändern gerade zu richten und parallel zu legen, sowie ferner, die stets vorhandenen Ungleichheiten in diesen Bändern zu beseitigen. Um letzteres zu erreichen, werden mehrere Bänder zusammen in die Maschine geführt, gemeinsam gestreckt und nach dem Austreten zu einem einzigen neuen Bande vereinigt. Dabei wird der Verzug, d. h. die Grösse des Ausziehens oder Streckens so bemessen, dass das austretende neue Band annähernd dieselbe Stärke besitzt, wie jedes der eingeführten. Dieses Vereinigen mehrerer Bänder wird Doublieren genannt. Es werden 4—8 Bänder doubliert.

Der Vorgang des Streckens ist aus Fig. 23 ersichtlich. Von den 4 Zylinderpaaren d_1—d_4 sind die unteren geriffelt, die oberen mit Leder überzogen. Die Gewichte g_1 drücken mit Hilfe der Zugstangen g die oberen Zylinder auf die unteren. Z ist eine Vorrichtung, um beim Stillstehen der Maschine die Presswirkung abstellen, also die Gewichte heben zu können. Die Riffel der unteren Zylinder würden sonst sich in die Lederüberzüge der oberen Presszylinder beim Stillstehen eindrücken. Von den 4 Zylinderpaaren hat nun von d_1 ab gerechnet jedes folgende eine grössere Umfangsgeschwindigkeit als das vorhergehende. Das eingebrachte Band l muss somit zwischen je zwei Paaren um soviel ausgezogen oder gestreckt werden, als der Unterschied dieser Geschwindigkeiten beträgt.

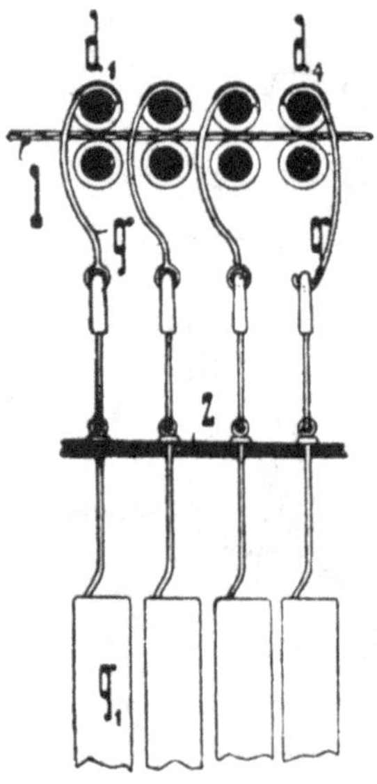

Fig. 23. Streckvorrichtung.

Je zwei aufeinanderfolgende Zylinderpaare müssen soweit voneinander entfernt stehen, dass eine Faser in dem durchgeführten Bande niemals von beiden Walzenpaaren gleichzeitig gefasst werden kann. Die Faser würde sonst zerreissen. Andererseits aber dürfen die Walzenpaare auch nicht soweit voneinander stehen, dass eine Faser zwischen zwei aufeinanderfolgenden Paaren sich befinden kann, ohne von einem derselben gefasst zu sein. Solange sie in diesem freien Zustande sich befindet, kann sie nicht gerade gelegt werden. Das Nahestellen der Streckwalzenpaare findet natürlich an dem Durchmesser oder Halbmesser der Walzen seine Grenze. Daraus erklärt sich, weshalb sehr kurze Baumwolle immer einen verhältnismässig rauhen Faden, d. h. ein Garn liefert, in dem viele kleine Fasern quer stehen. Die Streckwalzenpaare sind verstellbar gelagert, um sie nach Bedarf für längere und kürzere Baumwolle einstellen zu können. Die Gesamtheit der 4 Zylinderpaare wird gewöhnlich der Streckkopf genannt. Oberhalb der oberen Zylinder befinden sich Putzwalzen oder sonstige Putzvorrichtungen, um anhängende Fasern abzustreifen. Häufig werden auch die oberen Zylinder wie die unteren geriffelt angewandt und zwar so, dass die beiderseitigen Riffelungen ineinander passen. Man spart alsdann den Leder- oder Plüschüberzug für die oberen Walzen.

Mit diesen Darlegungen wäre eigentlich die Beschreibung der Strecke erledigt. Sie würde dies auch sein, wenn es nicht häufig vorkäme, dass eines der eingeführten Bänder abreisst oder sich um einen Streckzylinder wickelt. In diesem Falle muss die Maschine sofort abgestellt werden. Es ist nicht möglich, die Ueberwachung und Abstellung der Maschine einem Arbeiter anzuvertrauen. Man hat deshalb selbsttätige Wächter- und Abstellvorrichtungen gebaut. In Fig. 24 ist eine solche angedeutet. Die verschiedenen Bänder gehen durch die Führungen bei b in die Maschine, gelangen zu den Streckwalzenpaaren d und von diesen zu dem Trichter g und den Führungswalzen h.

l bezeichnet ein Band vor dem Eintritt in das Streckwerk, l_1 das Band nach dem Austritt aus ihm. Jedes Band läuft bei c über den muldenförmig gestalteten Kopf eines Hebels und drückt dieses Ende des Hebels nieder. Der andere Hebelarm von c ist etwas schwerer, wird somit heruntergehen, sobald das Band reisst, das c niederhält. An dem Exzenter s ist nun der Arm t befestigt, der am anderen Ende in den Schlitz t_1 ausläuft. In disem Schlitz ist der eine Arm des Hebels q mit einem Stift geführt. Auf der Achse p des Hebels q ist gleichzeitig der Winkelhebel r befestigt. Das Gewicht auf dem linken Hebelarm r dreht q stets so, dass der Stift in dem unteren Arm von q ständig am oberen Ende des Schlitzes t_1 liegt. Am oberen Ende von q ist der wagrechte Arm v angebracht. Infolge der Umdrehung des Exzenters s machen q, r und v die durch die Pfeilrichtung angedeuteten Schwingungen. Reisst nun ein Band vor den Streckwerken, so geht der von ihm niedergehaltene Hebelkopf c hoch, der andere Hebelarm also tief. Dadurch stösst dieser an den rechten Arm des Winkelhebels r und hemmt dessen Bewegung nach links. Der Arm t geht jetzt, da q feststeht, vermöge der Kulissenführung t_1 aufwärts und drückt mit dem Ansatz t_2 gegen das Stück u. Dieses hebt die Sperrklinke x aus und die Feder y zieht alsdann die Stange mit der Riemengabel z nach links. Dadurch wird der Treibriemen von der festen auf die lose Riemenscheibe gebraucht und die Maschine steht still. Bricht das Band hinter den Streckwerken, so fällt der Arm w nieder und stösst gegen die Stange v. Dadurch wird ebenfalls der Hebel q festgehalten und in derselben Art wie vorhin die Maschine zum Stillstand gebracht. Fig. 25 zeigt die ganze Streckmaschine. Das erzeugte Band wird in eine drehende Kanne geleitet und in

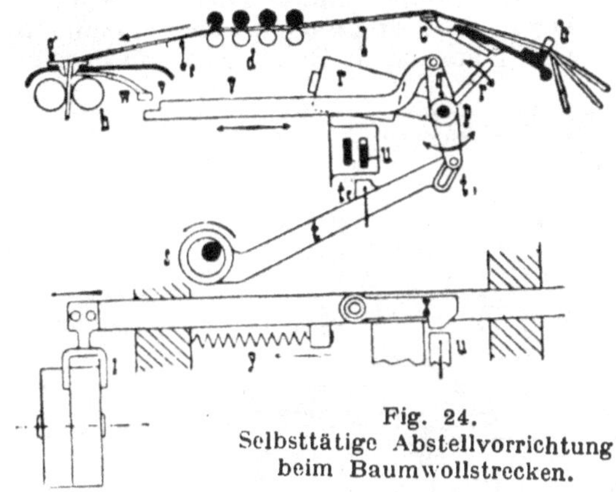

Fig. 24.
Selbsttätige Abstellvorrichtung beim Baumwollstrecken.

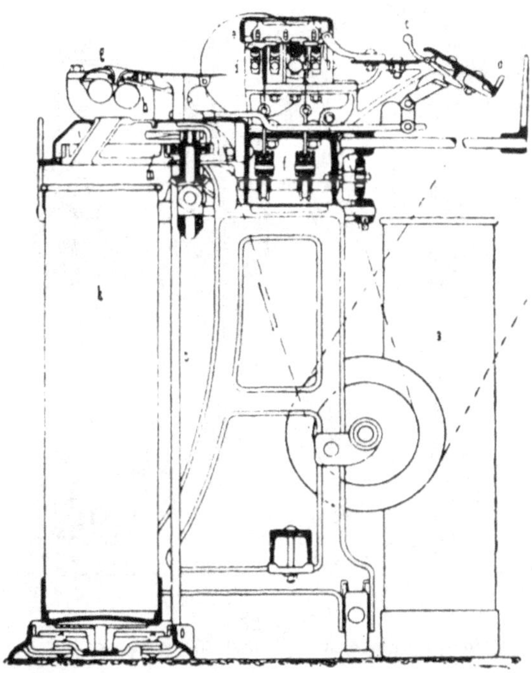

Fig. 25. Streckmaschine für Baumwolle.

ihr spiralförmig gelagert. Man wendet mindestens zwei, häufig aber auch vier Streckmaschinen hintereinander an. Die letzte Strecke bringt die Bänder nicht mehr in Drehtöpfe, sondern wickelt sie auf grosse Spulen.

Das Vorspinnen. Die Vorspinnmaschinen der Baumwollspinnerei werden Flyers, auch Bancs à broches, genannt. Ihre Aufgabe ist zunächst, die von den Streckwerken abgelieferten zylindrischen Faserbündel, die nunmehr aus gleich gerichteten und parallel gelegten Fasern bestehen, soweit auszuziehen, dass sie die für das Feinspinnen erforderliche Feinheit erlangen. Wegen der Kürze der Baumwollfaser aber ist dieses Ausziehen nicht ohne weiteres möglich, da das Faserbündel an der schwächsten Stelle bald abreissen würde. Um dieses Abreissen zu verhüten, gibt man dem Bündel während des Ausziehens gleichzeitig etwas Drehung. Die Drehung wirft sich natürlich stets auf die schwächste Stelle des Bündels, also dahin, wo dasselbe beim Ausziehen abreissen würde, weil sie dort am wenigsten Widerstand findet. Andererseits aber bewirkt die Drehung ein festeres Aneinanderhalten der Fasern und damit einen grösseren Widerstand gegen das Abreissen. So kommt es, dass stets die stärkeren Stellen des Bündels ausgezogen werden, und zwar so lange, bis sie durch das fortgesetzte Ausziehen schwächer als die übrigen werden. Das Ausziehen bei gleichzeitiger Drehung trägt deshalb auch in hohem Grade dazu bei, das ausgezogene Faserbündel gleichmässig zu gestalten. — Gewöhnlich werden drei Vorspinnmaschinen nacheinander angewandt; dieselben werden alsdann als Grobflyer, Mittelflyer und Feinflyer unterschieden. In ihrer Bauart und Wirkungsweise stimmen sie überein. Es genügt deshalb, eine derselben näher zu beschreiben. Die bildliche Darstellung ist in Fig. 26 enthalten.

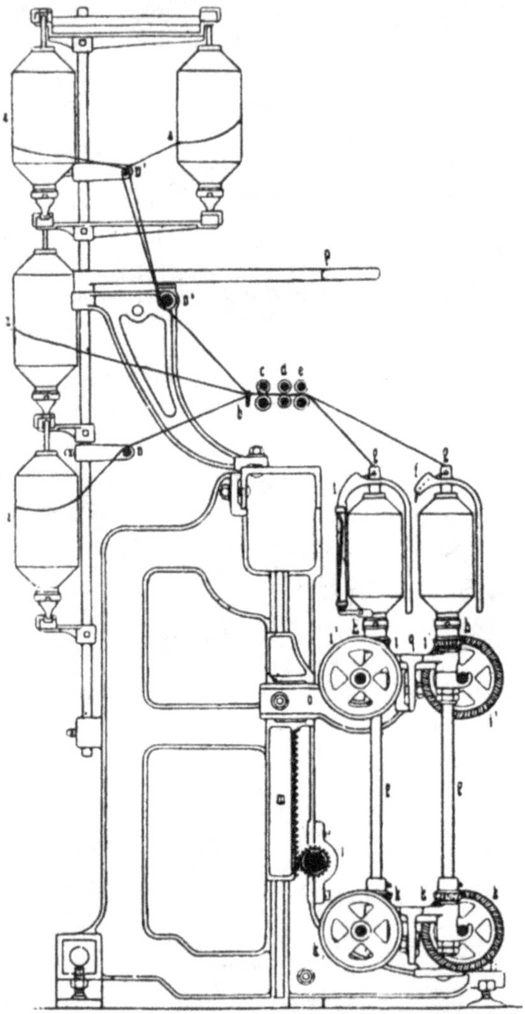

Fig. 26.
Vorspinnmaschine (Flyer) für Baumwolle.

Von den Spulen a gelangen die Faserbündel über Führungen n_1 n_2 usw. zu den Streckzylindern c d e, von da zu den Oeffnungen in den Köpfen der

Spindeln g, dann seitwärts auf den Flügel f der Spindel und endlich durch den am unteren Teile des Spindelflügels f angebrachten Finger auf die Spule. Durch die Umdrehung der Spindeln g erhalten folglich die zwischen e und g befindlichen Fadenstücke Drehung um ihre Achse.

Schwierigkeit macht bei dem Flyer das Aufwickeln des Fadens auf die Spule. Der Faden besitzt nur geringe Drehung und infolgedessen so wenig Festigkeit, dass er bei geringem Zuge abreisst. Es ist deshalb nicht möglich, durch den von dem Flügel der Spindel kommenden Faden die lose aufsitzende Spule mit herumreissen zu lassen, vielmehr muss die Spule einen selbständigen Bewegungsantrieb erhalten. In Fig. 26 werden die Spulen durch die Kegelräder i_1 i_2, die Spindeln durch die Kegelräder k_1 k_2 getrieben. Der Geschwindigkeitsunterschied zwischen Spindel und Spule muss genau so gross sein, dass der Faden in dem Masse auf die Spule gewickelt wird, wie ihn die Streckzylinder e abliefern. Zu dem Zwecke muss entweder die Spindel oder die Spule schneller laufen. Darnach unterscheidet man Systeme mit voraneilender Spindel und solche mit voraneilender Spule.

Es genügt nun nicht, zwischen Spindel und Spule einen bestimmten Geschwindigkeitsunterschied festzustellen, er muss sich vielmehr während der Füllung einer Spule fortwährend ändern. Es liegt dies daran, dass die Spule in dem Masse, wie sie dicker wird, bei jeder Umdrehung eine grössere Fadenlänge aufwickelt, folglich die Zahl der Umdrehungen, die die Spule in der Zeiteinheit weniger oder mehr macht als die Spindel, bei jeder neuen auf die Spule gebrachten Fadenlänge geringer werden muss. Bei voraneilender Spindel muss somit die Spule schneller, bei voraneilender Spule muss sie langsamer laufen.

Damit ist indessen die Schwierigkeit in der Regelung der Spulenbewegung noch nicht erschöpft. Die Spule bildet leer einen langen dünnen Zylinder, welcher auf die Spindel gesteckt wird. Dieser soll gleichmässig mit Garn senkrecht zu seiner Achse bewickelt werden, jedoch so, dass die gefüllte Spule einen Zylinder darstellt, der an beiden Enden kegelförmig zugespitzt ist. (Siehe Fig. 26 bei a.) Wollte man die kegelförmige Zuspitzung vermeiden, so müsste man die Spulen an beiden Enden mit Scheiben versehen, um das Abrutschen der Garnwindungen zu verhüten. Das gleichförmige zylindrische Bewickeln der Spulen erfolgt nun dadurch, dass die Spulen während der Bewicklung langsam gehoben und gesenkt werden, und die kegelförmige Zuspitzung an beiden Enden wird dadurch erreicht, dass man die Füllhöhe der Spule, d. h. die Grösse der Aufwärts- und Abwärtsbewegung der Spule nach jedem Hube etwas kleiner macht. Sämtliche Spulen sind auf einem gemeinsamen Gestell, der Spulenbank, befestigt. Es muss nun beim Flyer zunächst die Geschwindigkeit der Spulen, weiterhin die Hubhöhe und die Geschwindigkeit der Bewegung der Spulenbank stetig geändert werden.

Die Vorrichtung, die die erstere Regelung besorgt, heisst das Differentialgetriebe. Dasselbe ist in Fig. 27 besonders dargestellt. Die beiden Konus K K sind durch einen Treibriemen verbunden. Der obere Konus gibt, der untere erhält Antrieb. Es ist klar, dass wenn der Treibriemen nach rechts geschoben wird, der untere Konus langsamer laufen muss, da in diesem Falle die Antriebsscheibe ihren Durchmesser verkleinert, die getriebene Scheibe aber den ihrigen vergrössert. Nach jedem Hub der Spulenbank, also nach Vollendung einer jeden Garnlage auf der Spule, wird durch ein in die Zahnstange Z eingreifendes Zahnrad die Stange Z um einen Zahn nach rechts geschoben. Es ist nun festzustellen, welche Wirkung dies auf die Bewegung der Spulen hat. Es werde das System der voraneilenden Spindel vorausgesetzt. Sämtliche Spulen erhalten ihren Antrieb von dem Zahnrad S. Es ist also zu untersuchen, wie die Vorrichtung auf die Umdrehungsgeschwindigkeit von S wirkt, wenn der Treibriemen der Konus K K verschoben wird. Das Rad S sitzt lose auf der Achse H H, ist aber mit dem Rade B fest verbunden. Letzteres steht in Zahneingriff mit den Rädern C und D und diese greifen wieder in das Rad A ein. A hat dieselbe Zähnezahl wie B. Es ist also klar, dass B durch Vermittlung der Räder C und D dieselbe Anzahl Umdrehungen, aber in entgegengesetzter Richtung, machen muss, wie A. Dann ist ferner das Rad M, das Differentialrad, vorhanden. Es sitzt lose auf der Achse H H und trägt in seiner Ebene die Achsen der Räder C und D, so dass die Ebenen der Räder C und D senkrecht zu der Radebene von M stehen. (Vgl. die Sonderzeichnung des Differentialrades Fig. 27 rechts.) C und D sitzen los auf ihren Achsen. Man denke sich nun das Rad A stillstehend und M sich drehend. Bei der Drehung von M müssen alsdann die Räder C und D infolge ihres Eingriffes in A sich drehen, und zwar werden sie bei einer vollen Drehung von M auch eine volle Umdrehung machen. Diese Bewegung von C und D überträgt sich auf B. Demnach wird B ebensoviele Umdrehungen machen wie M und zwar in gleicher Richtung wie M. Allein die Drehung von M gibt dem Rade B noch einen weiteren Antrieb. Man denke sich, um dies einzusehen, A weg und die Räder C und D auf ihren Achsen festgekeilt. Sie werden alsdann bei der Umdrehung von M das Rad B einfach mitnehmen. Auch hierbei wird also B ebensoviele Umdrehungen wie M und zwar

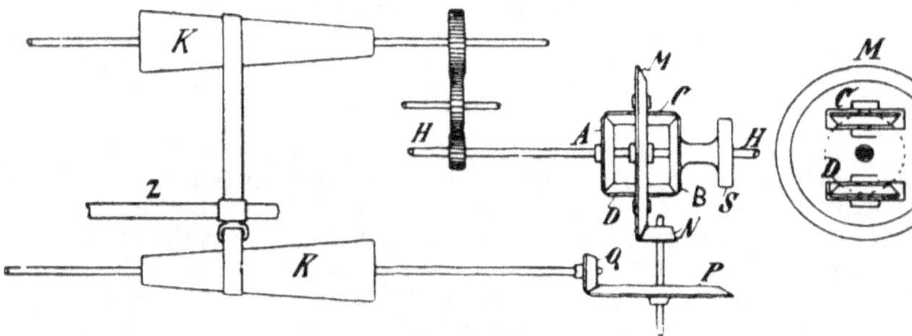

Fig. 27. Differentialgetriebe.

in derselben Richtung wie dieses machen. Daraus ergibt sich, dass wenn M in der Zeiteinheit n Umdrehungen macht, dass Rad B und somit auch S 2n Umdrehungen machen muss. Die Gesamtbewegung von B und S ergibt sich also wie folgt: Macht das vom oberen Konus K getriebene Rad A in der Zeiteinheit m Drehungen, so macht B auch m Drehungen, aber in entgegengesetzter Richtung. Macht das von dem unteren Konus K getriebene Differentialrad M n Umdrehungen in derselben Zeiteinheit, so macht B 2n Drehungen. Die beiden Antriebe erfolgen gleichzeitig, die wirkliche Drehungszahl also ergibt sich, wenn wir die beiden Zahlen voneinander abziehen. Die Zahl ist also:

$$v = m - 2n.$$

Der Wert von v wird um so grösser, je kleiner der Subtrahend 2n dieser Differenz ist, also je langsamer das Differentialrad M läuft. Demnach bewirkt ein Verschieben des Riemens der beiden Konus K K nach rechts um einen Zahn der Zahnstange Z eine bestimmte Vergrösserung der Umdrehungszahl v des Rades B und S und damit eine Vergrösserung der Umdrehungszahl sämtlicher Spulen.

Bei der Einrichtung mit voraneilender Spule muss, wie bemerkt, die Spule in dem Masse langsamer laufen, wie sie voller wird. Man lässt jetzt das Differentialrad M entgegengesetzt wie vorhin laufen, so dass die durch die Umdrehung desselben bewirkten Drehungen von B in derselben Richtung wie die durch die Drehung von A bewirkten erfolgen. Die beiden Drehungszahlen addieren sich folglich, und die wirkliche Drehungszahl von B und S ist jetzt:

$$v = m + 2n.$$

Die Zahl v wird jetzt in dem Masse kleiner, wie der Summand 2n, also die Drehungszahl des Differentialrades abnimmt.

Mit jeder neuen Garnlage auf der Spule muss, wie bereits bemerkt, die Hubhöhe der Spulenbank abnehmen; es muss ferner aber das Heben und Senken der Spulenbank langsamer erfolgen. Da nämlich die Streckzylinder c d e in der Zeiteinheit stets dieselbe Garnmenge abliefern, die Spule stets also diese Menge in der Zeiteinheit aufwickeln muss, da ferner bei jeder folgenden

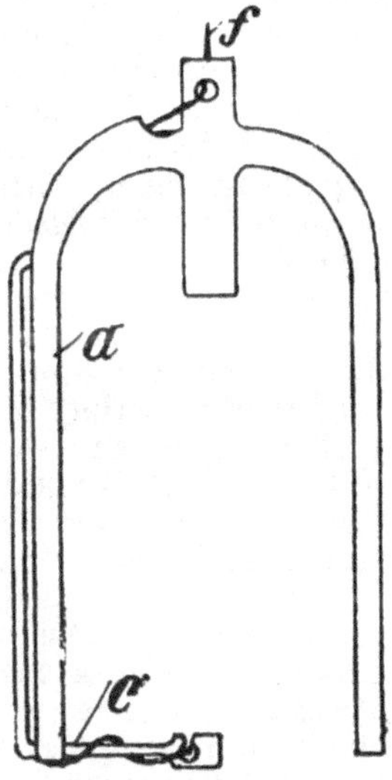

Fig. 28.
Flügel der Flügelspinnmaschine.

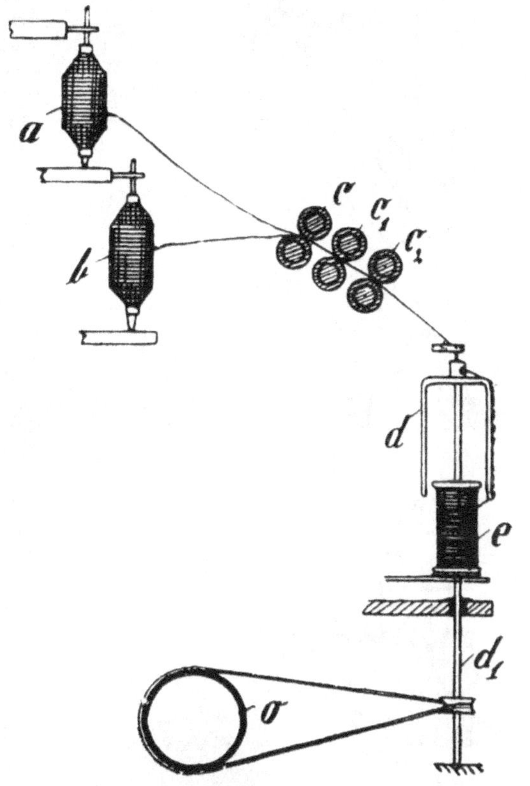

Fig. 29.
Mechanismus der Flügelspinnmaschine.

Garnlage auf der Spule zu einer Windung eine grössere Fadenlänge erforderlich ist, so folgt, dass jede Windung um so mehr Zeit erfordert, wie die Spule dicker wird. Die Spulenbank muss sich also langsamer bewegen. Die Regelung der Bewegung der Spulenbank in bezug auf Hubhöhe und Hubgeschwindigkeit wird in ähnlicher Weise wie vorhin, durch das Differentialgetriebe bewirkt. Der Grobflyer verarbeitet die Faserbündel, wie sie von der Streckmaschine kommen. Bei ihm sind also nicht Spulen aufgestellt, sondern er entnimmt den Rohstoff aus den beschriebenen Drehtöpfen.

In Fig. 28 ist noch der Flügel dargestellt, wie er bei den Vor- und Feinspinnmaschinen der Baumwoll-, Flachs-, Jute- usw. Spinnerei Anwendung findet. Der Faden f kommt von den Streck- oder Lieferungszylindern, geht durch die Oeffnung in dem Spindelkopf, tritt seitwärts heraus, geht durch den Arm a des Flügels und gelangt um den Finger c zu der Spule. Die Umdrehung der Spindel und des Flügelarmes a muss also den Faden f drehen.

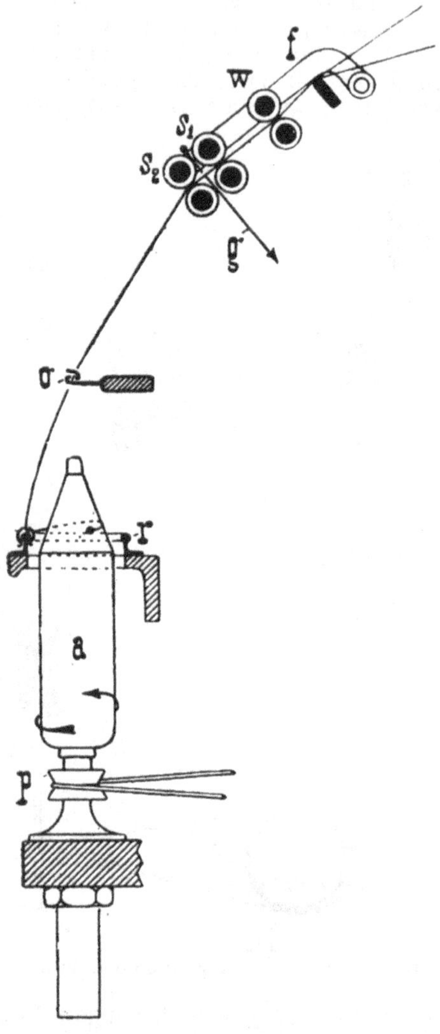

Fig. 30.
Mechanismus der Ringmaschine.

Das Feinspinnen. Das von dem Feinflyer abgegebene Gespinst heisst Vorgarn. Es bildet ein wenig gedrehtes, also noch ziemlich loses Faserbündel aus gleich gerichteten und parallel gelegten Fasern. Um aus ihm fertiges Garn zu erhalten, wird es weiterhin bis zur gewünschten Feinheit ausgezogen und alsdann stark gedreht. Man benutzt in der Baumwollspinnerei als Feinspinnmaschinen die Flügelspinnmaschine, die Ringspinnmaschine und die Mulemaschine oder den Selfaktor.

Die Flügelspinnmaschine ist in Fig. 29 schematisch dargestellt. Von den mit Vorgarn gefüllten Spulen a und b laufen Fäden zu den Streckzylindern C—C_2, werden dort nochmals ausgezogen und doubliert. Der neue Faden geht zu einer vorhin (in Fig. 28) dargestellten Flügelspindel d, erhält die erforderliche Drehung und wird auf die Spule e gewikkelt. Der gedrehte Faden hat Kraft genug, um die lose auf der Spindel sitzende und auf einer Unterlage aufruhende Spindel mit herumzureissen. In dem Masse, wie die Zylinder C—C_2 Garn liefern, lässt der Zug zwischen Spindelflügel und Spule nach; letztere bleibt zurück und das Garn wird auf sie gewickelt. Das bei der Vorspinnmaschine erforderliche Differentialgetriebe fällt also weg. Selbstredend muss, um die Spulen in ihrer ganzen Länge füllen zu können, die Spulenbank auf und nieder gehen. Das Herumreissen der Spule durch den vom Flügel kommenden Faden erfordert eine verhältnismässig bedeutende Kraft. Man kann deshalb auf der Flügelspinnmaschine keine feinen und keine lose gedrehten, also weichen Garne spinnen. In beiden Fällen würde der Faden die erforderliche Spannung nicht aushalten.

Die schematische Darstellung der Ringspinnmaschine ist in Fig. 30 gegeben. Die Vorgarnfäden f gelangen durch die Führungswalzen w und die Streckwalzen s_1 s_2 durch die Oese o zu einem Läufer l und von diesem auf die

Spule a. Der Läufer l sitzt lose auf dem oberen gewulsteten Rand eines Ringes r, der in der Unterlage fest eingelassen ist. Die Spule sitzt fest auf der Spindel und erhält ihren Antrieb durch den Wirtel p. Bei ihrer Umdrehung reisst sie durch den Faden den Läufer l auf dem Ring mit herum. Dadurch erhält der Faden Drehung. In dem Masse, wie die Zylinder s_1 s_2 Garn abgeben, bleibt der Läufer, der bei seiner Bewegung auf dem Wulst des Ringes r einen erheblichen Reibungswiderstand erfährt, zurück und dadurch wird das gelieferte Garn auf die Spule gewickelt.

Die Ringspinnmaschine beansprucht die Stärke des Fadens weit weniger, als die Flügelspinnmaschine, da bei ihr nicht die schwere Spule, sondern der leichte Läufer mit herumgerissen werden muss. Man kann deshalb feinere und loser gedrehte Garne auf ihr spinnen. Letzteres wird insbesondere dadurch möglich, dass man die Zylinder s_1 s_2 nicht wagerecht sondern schräge lagert. Dadurch erhält der Faden sogleich beim Austritt aus dem Zylinderpaar s_2 Drehung.

Die Mulemaschine oder der Selfaktor finden ausgedehnte Verwendung in der Wollspinnerei und sollen deshalb dort besprochen werden.

Kurze Baumwollsorten werden nicht in der vorbeschriebenen Weise sondern nach den Regeln der Streichgarnspinnerei versponnen. Deshalb kommen das Strecken und Vorspinnen in Fortfall, wodurch das fertige Garn ähnliche Eigenschaften wie Streichgarn erhält. Man nennt es I m i t a t g a r n.

Wie Streichgarn wird die Baumwolle auch verarbeitet, wenn sie gemischt mit mehr oder weniger Zusatz von Wolle versponnen wird. Das erzeugte Garn heisst V i g o g n e g a r n. Es kommt auch Vigognegarn in den Handel, das keine Wolle enthält. Dann unterscheidet es sich nicht von dem Imitatgarn.

Bei sehr feinen Baumwollgarnen, insbesondere bei solchen, die zu feinen Nähzwirnen verwandt werden sollen, müssen alle kurzen Fasern aus der Baumwolle entfernt werden, da sonst aus den Seite 36 angeführten Gründen der Faden nicht glatt wird. Es werden deshalb die gestreckten Bänder vor dem Verspinnen noch gekämmt. Da auch die Kämmaschine ihre Hauptanwendung in der Wollspinnerei findet, so wird von ihrer Beschreibung an dieser Stelle abgesehen.

2. Die Herstellung der Bastfasergarne.

L e i n e n, J u t e, C h i n a g r a s usw.

a) L e i n e n g a r n e. Den Schluss der Reinigungsarbeiten und gleichzeitig den Beginn der eigentlichen Spinnerei bildet beim Flachs das Hecheln. Dies besteht darin, dass man das Faserbündel, die Flachsristen, durch eine Reihe von Kämmen bearbeiten lässt, und zwar kann dies auf zweierlei Weise geschehen, entweder mit der Hand oder mit einer eigens dazu eingerichteten Maschine. Bei dem Handhecheln stehen die Kämme fest und die Flachsristen werden durch dieselben gezogen. Beim mechanischen Hecheln oder Maschinenhecheln dagegen werden die Risten an einem Ende durch Einspannen befestigt und hängen senkrecht herab, während zu beiden Seiten bewegliche Kämme angebracht sind, die durch die Risten fahren. In Fig. 31 ist eine derartige Hechelmaschine in der Vorderansicht dargestellt. Fig. 31 a zeigt die Seitenansicht der Maschine. Die Flachsristen werden zwischen zwei parallelen Platten an einem Ende durch Schrauben eingeklemmt und die so bereitete Kluppe bei a in die Maschine gebracht. Die endlosen Hechelketten i i gehen um Führungsrollen k und l und bearbeiten die senkrecht herabhängenden Risten zu beiden Seiten.

Die Kluppen a mit den eingespannten Risten müssen nun während des Hechelprozesses eine zweifache Bewegung ausführen. Beim Einbringen in die Maschine muss die Riste so hoch hängen, dass der unterste Teil derselben

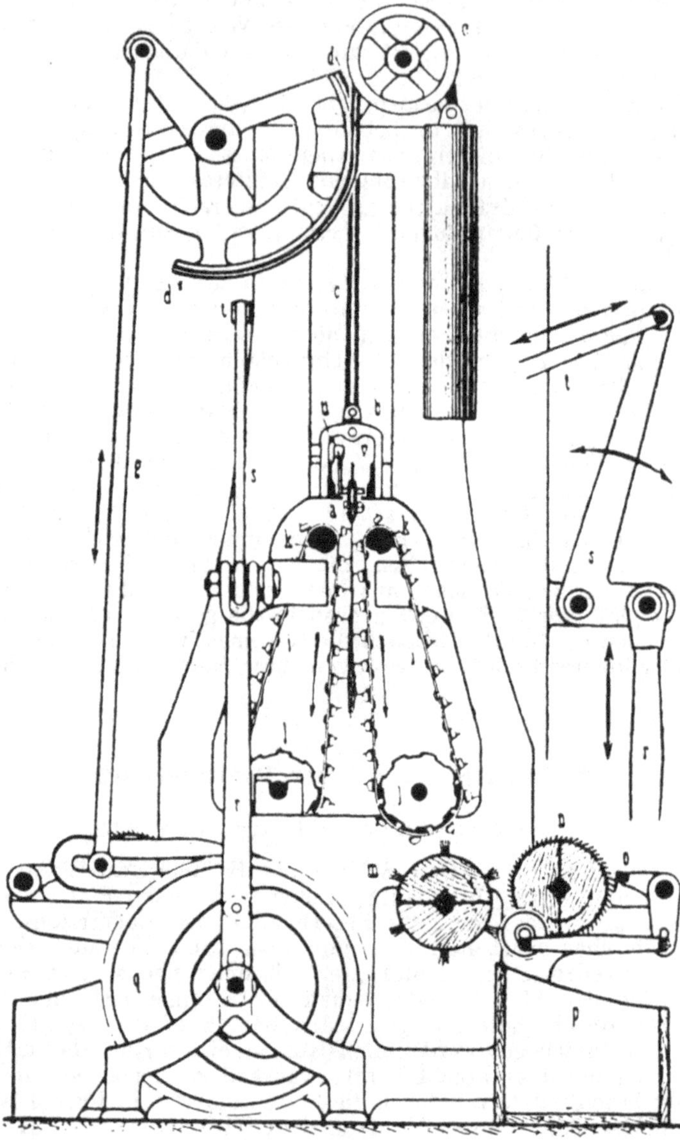

Fig. 31. Mechanische Flachshechel. (Vorderansicht.)

noch ausserhalb des Bereiches der Zähne der Hechelkette ist. Die Riste wird dann langsam abwärts geführt, bis die Zähne der Hechelkette nahe an die Zange heranreichen. Alsdann geht die Zange mit der Riste wieder langsam aufwärts, bis sie die frühere Höhe erreicht hat. Nunmehr wird die Kluppe mit der Riste in der Richtung senkrecht zur Ebene der Zeichnung vorwärts geschoben, so dass sie in den Bereich einer benachbarten zweiten Hechelkette gelangt. Diese hat feinere und dichter gestellte Zähne als die vorige. Nachdem auch die zweite Hechelkette in der vorher beschriebenen Weise gearbeitet hat, geht die Kluppe mit der Riste wieder vorwärts und bringt letztere in den Bereich einer dritten Hechelkette mit wieder feineren und dichter gestellten Zähnen usf., bis die Riste von allen Hechelketten bearbeitet und am anderen Ende der Maschine angelangt ist. Dort wird die Kluppe herausgenommen und zum Anfang der Maschine zurückbefördert, nachdem die Riste in der Kluppe so umgespannt worden ist, dass der vorher eingespannte Teil nunmehr freihängt. Die Kluppe durchwandert die Maschine von neuem. Auf diese Art wird die Riste in ihrer ganzen Ausdehnung gehechelt. Jedesmal, wenn die Kluppe in der Maschine hochgehoben ist und in der Kluppenbahn v weitergeschoben wird, hängt man bei a eine neue Riste ein.

Das Auf- und Niederbewegen der Zangen sowie ihr ruckweises Fortbewegen in der Kluppenbahn wird von Exzentern aus bewerkstelligt und zwar ersteres durch die Teile h, g, d, d_1, e, f, c, b, letzteres durch die Teile r, s, t, u, v. Die Einrichtung ist aus der Zeichnung unmittelbar ersichtlich. f dient als Gegengewicht beim Heben und Senken der Kluppenbahn.

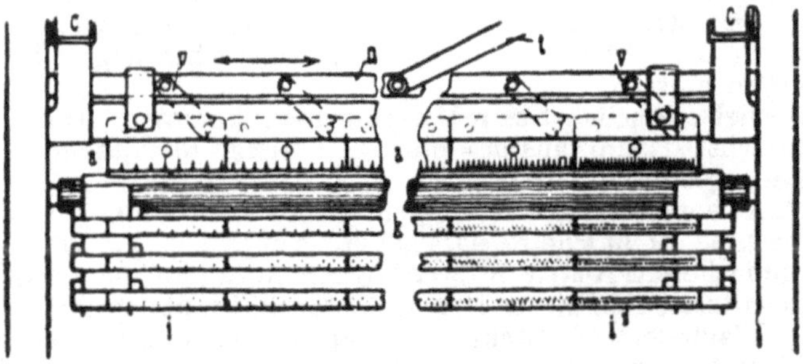

Fig. 31 a. Mechanische Flachshechel. (Seitenansicht.)

Das Hecheln hat verschiedene Wirkungen. Es spaltet in dem Masse, wie die Nadeln der Hechelketten feiner werden und dichter stehen, die groben Rohfasern in immer feinere Fasern. Durch die Reibung an den Nadeln werden noch anhängende Holz- und Gummiteile abgestreift. Endlich werden alle kurzen und querliegenden Fasern herausgekämmt. Diese sammeln sich unterhalb der Hechelketten und bilden das Werg (tow). Um es aus der Maschine zu bringen, wird es von Bürstwalzen m aufgenommen und an Kämmwalzen n abgegeben. Von letzteren streift es der schwingende Kamm o ab, so dass es in den darunter liegenden Behälter p fällt. Die Bürstwalzen m sind so angebracht, dass die Bürsten die Nadeln der Hechelketten bestreichen und diese somit stets rein erhalten können.

Die Hechelmaschinen werden gewöhnlich als Doppelmaschinen hergestellt, so dass zwei Kluppenbahnen nebst den zugehörigen Reihen von Hechelketten parallel nebeneinander stehen. Die Reihenfolge der Hechelketten in beiden ist aber umgekehrt. In der rechten folgen die feineren Hecheln in der Richtung von vorn nach hinter und in der linken von hinten nach vorn. Es hat dies den Vorteil, dass man die aus der rechten Kluppenbahn hinten austretenden Risten nach dem Umspannen sofort an derselben Arbeitsstelle in die linke Kluppenbahn einhängen kann, auf der sie zurückwandern, um vorn entleert und neu beschickt zu werden.

Bei den neuesten Hechelmaschinen erfolgen alle Arbeiten, selbst das Umspannen, selbsttätig und es ist nur nötig die gehechelten Risten vorn zu entnehmen und durch neue zu ersetzen. Zu dem Zweck befindet sich zwischen den beiden seitlichen Kluppenbahnen in der Höhe ihrer höchsten Stellung vorn und hinten je eine feste Querbahn, über die die Kluppen von der einen zur anderen Kluppenbahn geschoben werden. Die Kluppen nehmen hierbei eine wagerechte Lage ein. Auf der vorderen Querbahn sind drei Arbeitsstellen vorgesehen. Bei der ersten senkt sich ein Steckschraubenschlüssel nach unten und löst die Mutter der die beiden Kluppenplatten verbindenden Schraube. An der zweiten Arbeitsstelle hebt eine Vorrichtung die obere Kluppenplatte hoch, es kann der Wechsel der fertigen und neuen Risten vorgenommen werden, worauf die gehobene Platte wieder gesenkt wird. Bei der dritten Arbeitsstelle besorgt ein Steckschraubenschlüssel das Wiederfestziehen der Kluppenmutter.

Auf der hinteren Querbahn befindet sich nur eine Arbeitsstelle. Dort wird die Kluppenmutter nur gelockert, worauf eine besondere Vorrichtung das Ende der aus der Kluppe heraushängenden Riste erfasst und sie soweit anzieht, dass der vorher gehechelte Teil innerhalb der Kluppe zu liegen kommt und der bisher eingespannte Teil frei wird. Darauf dreht der Steckschraubenschlüssel die Mutter wieder fest.

Beiderseits der Querbahnen befindet sich je eine Vorrichtung, die die Kluppen von den Seitenbahnen zu den Querbahnen und umgekehrt befördert, wobei sie aus ihrer senkrechten Lage in eine wagerechte Lage oder umgekehrt gebracht werden müssen.

Der gehechelte Flachs ist zum Verspinnen vollkommen fertig. Es handelt sich jetzt zunächst darum, aus den einzelnen Risten fortlaufende Bänder herzustellen. Dies geschieht durch

D a s A n l e g e n. Die hierzu gebrauchte und A n l e g e m a s c h i n e genannte Maschine ist in Fig. 32 dargestellt. Auf einem endlosen Speisetisch a werden die gehechelten Risten in ihrer Längsrichtung aneinandergelegt, wobei man die zugespitzten Enden der Risten übereinander übergreifen lässt. Sollen verschiedene Flachssorten miteinander verarbeitet werden, so werden die Risten der verschiedenen Sorten in dem beabsichtigten Verhältnis auf dem Speisetisch der Anlegemaschine vereinigt. Die aufgelegten Risten gelangen nun an die Einzugswalzen c und werden von ihnen einer endlosen Hechelkette, die aus einzelnen Hechelkämmen g besteht, übergeben. Die Hechelkämme werden an beiden Enden in Schraubengängen e geführt und so auf Streckwalzen i h zu bewegt. Sie bewegen sich mit etwas grösserer Geschwindigkeit, als die Einzugswalzen c. Infolgedessen tragen sie den Faserstoff nicht nur, sondern kämmen ihn gleichzeitig. Am oberen Ende der Hechelbahn, also dicht vor den Streckwalzen i h angelangt, fällt der Hechelkamm g herunter und gelangt in eine zweite Schraubenführung f mit umgekehrter Bewegungsrichtung und weit grösserer Gewindesteigung. Jeder Kamm g wird dadurch mit erheblich grösserer Geschwindigkeit zum Ausgangspunkte bei c zurückgeführt und dort neuerdings in die obere Führung gehoben. Die Vorrichtung zur Bewegung der Hechelkämme ist aus den beigefügten Sonderzeichnungen (Fig. 32 a) ersichtlich. Die Streckwalzen i h haben grössere Umfangsgeschwindigkeit als die Einzugswalzen c, müssen deshalb die Risten ausziehen. Bei den Einzugswalzen sowie bei den Streckwalzen haben die unteren Zylinder eigenen Antrieb, die oberen werden durch Reibung mitgenommen. Das Gewicht d_2 presst durch die Hebelverbindung d_1 d die obere Einzugswalze, das Gewicht k_3 durch die Hebelverbindung k_2, k_1 k die obere Streckwalze h gegen die untere Walze an. Die zwischen den Streckwalzen i h heraustretenden Bänder gehen über die

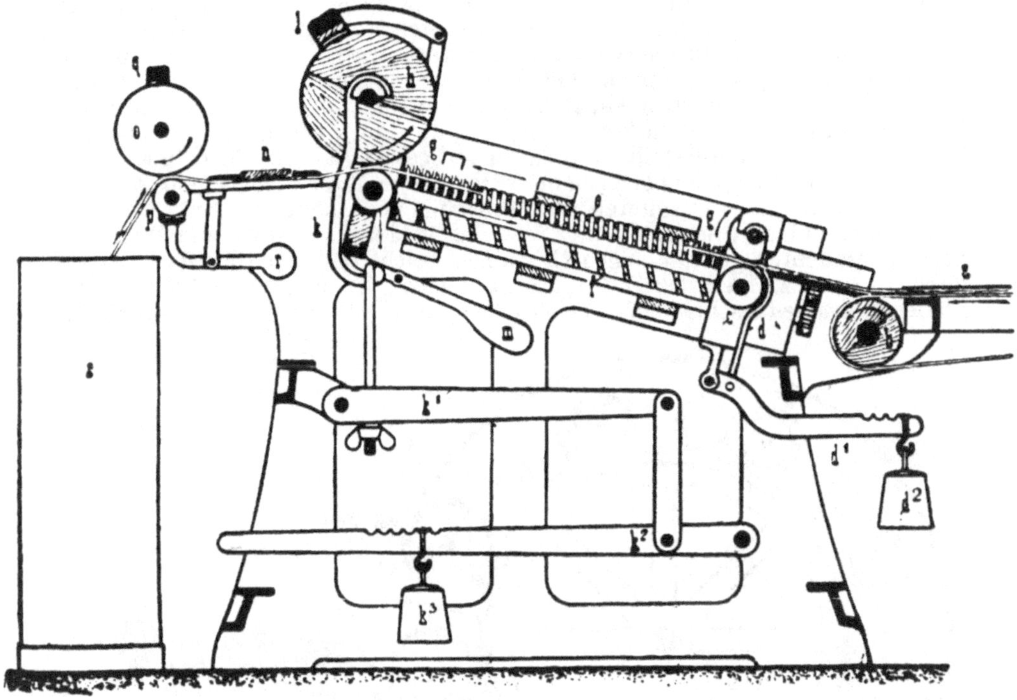

Fig. 32. Anlegemaschine für Flachs.

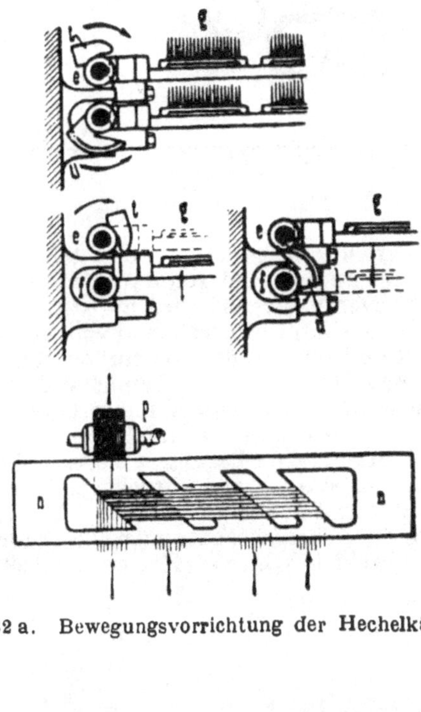

Fig. 32 a. Bewegungsvorrichtung der Hechelkämme.

Doubliervorrichtung n zu dem Zylinderpaar o p. Dieses befördert den auf der Doubliervorrichtung zu einem Bande verdichteten Rohstoff in die Drehkanne s. l und q sind Bürsten, die die Walzen h und o von anhängenden Fasern säubern.

Die Wergkrempel. Die beim Schwingen und Hecheln abfallenden kurzen Fasern werden ebenfalls versponnen. Um sie dem eigentlichen Spinnvorgang übergeben zu können, müssen aus ihnen zunächst ebenfalls fortlaufende Bänder hergestellt werden. Dies geschieht auf einer besonderen Maschine, die Wergkrempel genannt wird und in ihrer Bauart und Arbeitsweise mit den schon erwähnten und weiterhin noch näher zu besprechenden Krempelmaschinen übereinstimmt. Von den in der Baumwoll- und Wollspinnerei gebrauchten gleichnamigen Maschinen weicht sie wesentlich dadurch ab, dass sie dem zu verarbeitenden groben Faserstoff entsprechend einen viel gröberen Kratzenbeschlag hat. Die einzelnen Kratzenzähne bestehen aus Stahl-

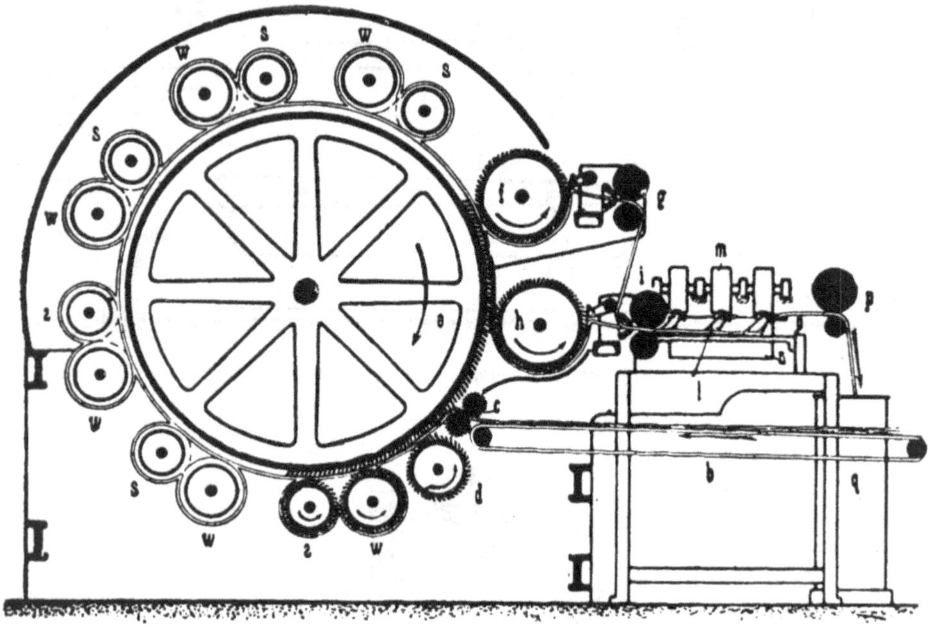

Fig. 33. Wergkrempel

stiften, die schräg zu der Oberfläche der Walzen stehen und nicht knieförmig umgebogen sind. Die Maschinen sind stets Walzenkrempeln. In Fig. 33 ist eine solche dargestellt. Der Faserstoff wird auf dem endlosen Speisetisch b ausgebreitet, gelangt an die Einfuhrwalzen c und von diesen auf den Tambour e. Die Walze d soll die untere Einfuhrwalze von zurückgehaltenen Fasern reinigen und sie auf den Tambour bringen. Der Tambour e ist nun weiterhin von 6 Walzenpaaren a und w umgeben. Die auf ihm liegenden Fasern finden an den Walzen a, Arbeiter genannt, Widerstand und werden aufgelöst, gerade gerichtet und parallel gelegt. Die Walzen w heissen Wender und haben die Aufgabe, die Zähne der Arbeiter a von zurückgehaltenen Fasern zu reinigen und letztere wieder auf den Tambour zu bringen. Um die Verrichtungen der Walzen e, a und w zu verstehen, beachte man die Zahnstellung und die Bewegungsrichtung der einzelnen Walzen. Hinter dem letzten Arbeiter a sind nacheinander 2 Peigneure oder Abnehmer f und h angebracht. An sie gibt der Tambour den auf ihm liegenden Faserstoff ab und zwar an den oberen Abnehmer f die höher liegenden gröberen, an den unteren Abnehmer h die tiefer liegenden feineren Fasern. Von den Abnehmern kämmen in bekannter Weise Hacker den Rohstoff als Flor ab. Dieser wird in trichterförmigen Führungen zu Band verdichtet.

Der Speisetisch b der Krempel ist in drei gleiche Teile geteilt. Die Abteilungen sind durch Latten oder Bleche voneinander geschieden und werden gleichmässig mit Werg beschickt. Dementsprechend sind auch je 3 Abnehmer f und h vorhanden. Ebenso ist auch der Kratzenbeschlag des Tambours nicht durchlaufend, sondern in 3 Abteilungen zerlegt, die durch Zwischenräume voneinander getrennt sind.

Das von einem oberen Abnehmer f abgekämmte und verdichtete Band wird mit dem des unmittelbar darunter liegenden Abnehmers h vereinigt. Die Maschine liefert somit insgesamt drei Bänder. Diese werden durch Stifte l geführt, durch Walzen m vorgezogen, in der Band- oder Doublierplatte o vereinigt und durch Walzen p in den drehbaren Topf q befördert.

D a s S t r e c k e n. Die von der Anlegemaschine hergestellten Flachsbänder sowie die von der Wergkrempel abgelieferten Wergbänder werden nunmehr den Streckmaschinen übergeben. Gestreckt wird bei den Flachsbändern auf drei, bei den Wergbändern auf zwei hintereinander folgenden Maschinen. Die Streckmaschinen der Flachsspinnerei sind ähnlich der in Fig. 32 dargestellten Anlegemaschine, nur sind die Hechelketten wagerecht gelagert. Die Einrichtung und Arbeitsweise ist dieselbe wie bei den Baumwollstrecken, nur fehlen bei letzteren die Hechelkämme. Der Vorzug beträgt das 12—14fache, vorgelegt werden 8—20 Bänder.

D a s V o r s p i n n e n. Das Vorspinnen der Leinengarne geschieht auf Maschinen, die in Bauart und Arbeitsweise mit den Flyern der Baumwollspinnerei (Fig. 26) übereinstimmen. Der Unterschied liegt wie bei den Streckmaschinen nur darin, dass mit den Streckzylindern noch Hechelketten verbunden sind.

D a s F e i n s p i n n e n. Das Feinspinnen der Leinengarne geschah früher allgemein und erfolgt heute noch meistens auf der Flügelmaschine (Fig. 29). Neuerdings aber hat auch die Ringspinnmaschine (Fig. 30) vielfach Eingang gefunden. Das Herstellen der Leinengarne auf diesen Maschinen unterscheidet sich in nichts von dem der Baumwollgarne. In neuerer Zeit werden jedoch die Leinengarne nass gesponnen, d. h. man lässt sie vor dem Eintritt in die Spinnmaschine durch heisses Wasser gehen. Dadurch wird der Klebstoff, der die Elementarfasern, d. h. die eigentlichen Bastzellen, zusammenhält und zu verhältnismässig groben Fasern vereinigt, aufgeweicht und gelöst. Lässt man jetzt die groben Fasern durch nahe gestellte Streckwalzenpaare gehen, so werden die Bastzellen voneinander gezogen und die groben Fasern in ihre Elementarfasern zerlegt. Das Nassspinnen liefert einen viel gleichmässigeren, runden und vollen Faden, als das Trockenspinnen. Der Faden erhält ein ähnliches Aussehen wie ein Baumwollfaden von gleicher Stärke. In Fig. 34 ist eine Nassspinnmaschine dargestellt, und zwar eine Flügelspinnmaschine. Der Vorgarnfaden gelangt von Spulen a über Führungen b zunächst in einen mit heissem Wasser gefüllten Behälter c. Das Wasser wird durch eingelegte Dampfrohre heiss erhalten. Weiterhin geht der Faden durch den Fadenführer d zu den Streckwalzenpaaren e. Hier wird das Ausziehen in Elementarfasern vorgenommen. Der Druck der Streckwalzen gegeneinander wird durch das Gewicht h mit Hilfe des Hebels g und d der Zugstange f bewirkt. Von den Streckwerken gelangt der Faden durch den Fadenführer i in das Auge des Spindelflügels und von da auf die Spule. Die Spulenbank m wird an den Stelzen n durch die über o geführte Kette langsam auf- und niedergeführt, so dass die Spulen gleichmässig gefüllt werden. Der Faden reisst die Spule mit. Gewöhnlich ist es noch nötig, die Spule zu bremsen. In der Abbildung geschieht die Bremsung durch eine Schnur mit anhängendem Gewicht p. Die Spindeln k erhalten ihren Antrieb von der Trommel l. q und r sind Schutz-

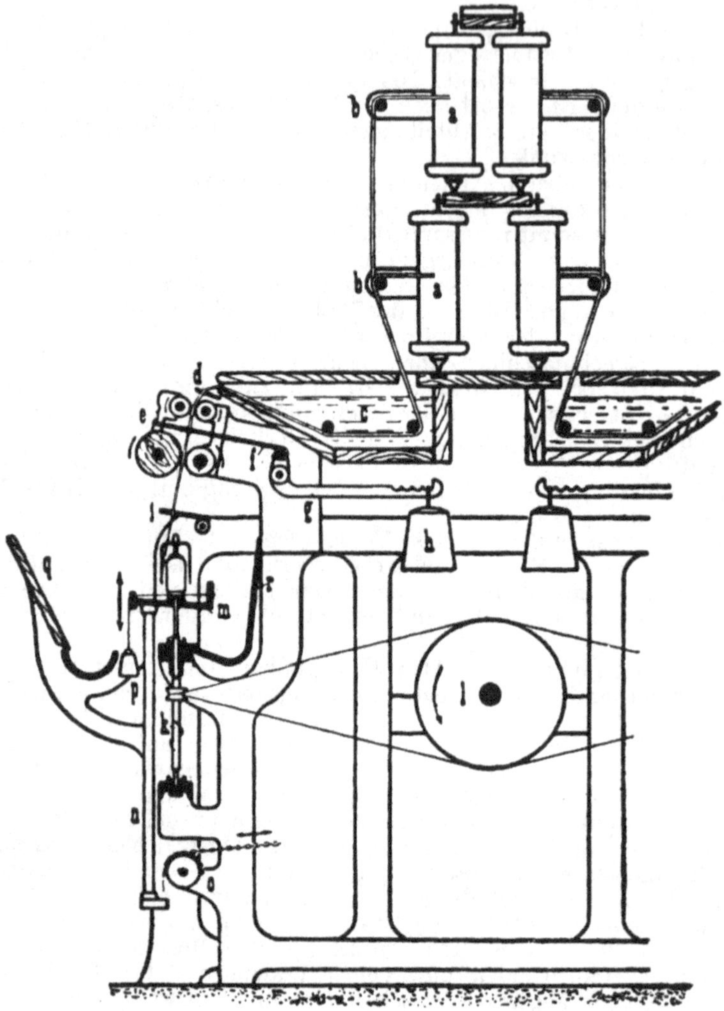

Fig. 34. Nassspinnmaschine für Flachs.

bretter, die unten in Mulden endigen. Sie sollen das von dem nassen Faden abgespritzte Wasser auffangen und fortleiten. Die Streckzylinder müssen bei der Nassspinnmaschine aus Messing oder Bronze hergestellt werden, da eiserne Zylinder bald verrosten und dadurch das Garn verunreinigen würden.

Der Hanf wird genau in derselben Weise versponnen, wie der Flachs. Die Hanfgarne führen wie die Flachsgarne im Handel die Bezeichnung Leinengarne, werden auch wie erstere numeriert und berechnet.

b) J u t e g a r n e. Die in der Flachsspinnerei gebräuchlichen Maschinen gestatten, jeden ähnlichen langfaserigen Rohstoff zu verarbeiten. Tatsächlich wird auch, wie erwähnt, Hanf allgemein wie Flachs gesponnen. Mit der Jute war es im Anfang ebenso. Die Bastbündel wurden gehechelt, aus den ausgehechelten Risten wurden auf der Anlegemaschine, aus dem abfallenden Werg auf der Wergkrempel fortlaufende Bänder geformt. Diese wurden gestreckt auf den Vorspinnmaschinen zu Vorgarn verarbeitet und schliesslich auf der Flügelspinnmaschine zu fertigem Garn versponnen. Heute sind in der Jutespinnerei Veränderungen eingetreten, die wesentlich auf die Vorbereitungsarbeiten Bezug haben.

Die als Handelsware gelieferte Jute besteht aus Bastbündeln von 3—4 m Länge. Es ist zunächst nötig, die Bündel in feinere Fasern zu spalten und sie ferner auf eine solche Länge kurz zu reissen, dass eine Verarbeitung auf den Spinnmaschinen möglich ist.

E i n w e i c h e n u n d Q u e t s c h e n. Die Bastbündel werden in der Mitte umgebogen, etwas gedreht und die Enden umeinander geschlungen. In dieser Form legt man sie in Behälter aus Holz von etwa 3,5 m Länge, 1,5 m Breite und 1,3 m Tiefe. Eine Anzahl dieser Behälter wird fortlaufend nebeneinander angebracht. Ist der Boden des Behälters mit einer Schicht von Rohstoff bedeckt, so besprengt man sie mit einem Gemisch aus Oel und Wasser, legt alsdann eine zweite Schicht auf, besprengt wieder mit dem Gemisch aus Oel und Wasser und fährt so fort, bis der Behälter gefüllt ist. Als Oel verwandte man früher ausschliesslich Tran, neuerdings wird auch vielfach Mineralöl benutzt. Zweckmässig ist es, aus dem Gemisch aus Oel und Wasser vorher eine Emulsion zu machen und nicht, wie es vielfach geschieht, Oel und Wasser getrennt aufzugiessen. Es wird alsdann der Faserstoff von beiden Flüssigkeiten besser und gleichmässiger durchdrungen. Die Emulsion bereitet man, indem man dem Gemisch aus Oel und Wasser etwas Seife zusetzt und dann die Flüssigkeit mit Reisig kräftig schlägt. Das beschriebene Verfahren wird Einweichen oder Batschen genannt und hat den Zweck, die Faserbündel weich und geschmeidig zu machen, auch den Klebstoff, der die Fasern zusammenhält, aufzuweichen und dadurch das spätere Spalten der Fasern zu erleichtern. Die Bastbündel bleiben 36—48 Stunden in der Batsche liegen. Zu lange darf man die Arbeit nicht ausdehnen, weil sonst die Faser zu faulen beginnt.

Die eingeweichten Bastbündel werden nunmehr auf einer Maschine bearbeitet, die Quetschmaschine (Softener) genannt wird. Sie besteht aus einer Anzahl Paare von geriffelten Walzen, welche die Bastbündel nacheinander zu passieren haben. Fig. 35 zeigt eine solche Maschine in schematischer Darstellung. Von dem Speisetisch a gelangen die Faserbündel zwischen die geriffelten Quetschwalzen w w und von dem letzten dieser Walzenpaare auf den Ablieferungstisch b, von welchem sie abgenommen werden. Das Quetschen hat den Zweck und die Wirkung, die Fasern voneinander zu trennen und dadurch aus den zusammenhängenden einzelnen Bündeln ein gleichmässiges Material zu formen.

K a r d i e r e n o d e r K r e m p e l n. Aus dem von der Quetschmaschine kommenden Faserstoff müssen nun fortlaufende Bänder geformt werden. Dies geschieht wie beim Werg auf einer Walzenkrempel. Allein zunächst ist der Rohstoff noch viel zu lang, um dem gewöhnlichen Krempeln ausgesetzt werden zu können. Man bearbeitet ihn deshalb vorerst auf einer Vorkarde oder Vorkrempel. Diese ist eingerichtet wie eine gewöhnliche Krempel, hat einen Tambour mit zwei Arbeitern und Wendern und eine Abnahmewalze (Doffer). Die Walzen aber sind dem Faserstoff entsprechend stark gebaut und besitzen einen Kratzenbeschlag aus starken Stahlstiften. Die Umfangsgeschwindigkeit des Tambours beträgt 10 m in der Sekunde. Infolge dieser

Einrichtungen wird der eingebrachte Rohstoff vollständig zerfasert und überdies bis auf eine Faserlänge von 44—55 cm kurzgerissen. Wegen der letzteren Wirkung heisst die Maschine auch Brecher (Breaker). Der Rohstoff wird sodann einer zweiten Maschine, der Feinkarde übergeben. Diese soll die Fasern noch weiter zerteilen und kürzen, ferner sie gerade richten und parallel legen. Der Tambour ist wieder in der Regel von zwei Paaren von Arbeitern und Wendern umgeben. Bei feineren Jutesorten wendet man auch 3 und 4 Walzenpaare an. Stets sind zwei Abnehmer vorhanden. Das vom Tambour abgenommene Vliess wird zu einem Bande verdichtet und in drehende Blechkannen geleitet.

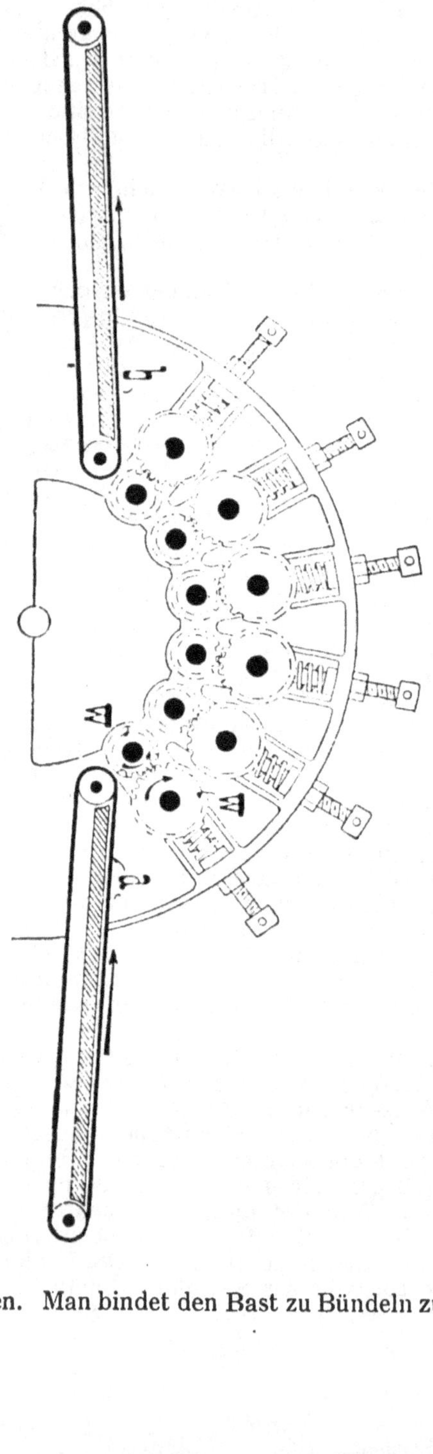

Fig. 35. Quetschmaschine für Jute.

S t r e c k e n , V o r s p i n n e n , F e i n s p i n n e n. Die weitere Bearbeitung der Jute ist den gleichnamigen Verrichtungen der Flachsspinnerei durchaus ähnlich. Es werden in der Regel 2, bei feineren Garnen auch wohl 3 Streckmaschinen hintereinander angebracht. Die Zuglänge, d. h. die Entfernung der Streckwalzenpaare voneinander beträgt je nach der Faserlänge 250—380 mm. Zwischen den Einzug- und Streckwalzen befinden sich wie bei den Flachsstrecken Hechelketten. Vorgelegt werden bis zu 6 Bänder. Die Vorspinnmaschinen nehmen das von der letzten Strecke abgelieferte Band, doublieren aber nicht mehr. Sie sind mit Streckwerken und Hechelketten ausgestattet; die Hechelkämme haben feinere Zähne als bei den Streckmaschinen. Das Feinspinnen erfolgt stets auf der Flügelspinnmaschine und stimmt mit dem Feinspinnen der Leinengarne überein. Ein Nassspinnen findet jedoch nicht statt.

c) R a m i e g a r n e. Als Ramiegarne bezeichnet man im Handel die aus den verschiedenen Nesselfasern, also aus Chinagras gesponnenen Garne. Der durch einfaches Rösten gewonnene Bast ist zu hart und besteht aus fest aneinanderhängenden schwer lösbaren Faserbündeln. Deshalb ist ein umständliches Einweichen nötig, um die Fasern hinreichend zu zerteilen und freizulegen. Man bindet den Bast zu Bündeln zusammen und legt diese 10 Tage in Wasser von 25—30 ° C. Hierauf werden die Bündel 8—10 Stunden lang mit heisser Natronlauge behandelt, sodann mit reinem Wasser ausgespült. Der Klebstoff, der die Fasern zusammenhält, wird dadurch gelöst und durch das Ausspülen entfernt. Auf dieses Waschen folgt ein wiederholtes Bleichen mit Chlorkalklösung. Dies geschieht in bekannter Weise, indem man den Faserstoff abwechselnd mit Chlorkalklösung und mit stark verdünnter Schwefelsäure behandelt. Nach dem Bleichen wird mit Wasser sorgfältig ausgewaschen, um alle Rückstände der benutzten Chemikalien zu entfernen. Hierauf wird der Faserstoff in einer Seifenlösung etwa 12 Stunden mässig gekocht. Die Fasern sind alsdann ausserordentlich fein verteilt, rein weiss und seidenartig glänzend, hängen aber immer noch in Bündeln zusammen. Man bringt sie zunächst auf eine Quetschmaschine, welche ähnlich wie die in der Jutespinnerei gebrauchte (Fig. 35) eingerichtet ist. Die weitere Verarbeitung könnte nun in gleicher Weise wie in der Flachsspinnerei erfolgen, geschah auch im Anfange so, jedoch hat die Beachtung der Tatsache, dass der gereinigte Nesselfaserstoff in bezug auf Länge, Feinheit, Weichheit, kurz in seiner ganzen äusseren Beschaffenheit der Chappe- oder Florettseite ausserordentlich ähnlich ist, dazu geführt, dass man in neuerer Zeit die Ramiegarne nach dem Verfahren der Florettseidenspinnerei herstellt. Von dieser wird weiterhin ausführlicher geredet werden.

Die beim Auskämmen der Nesselfasern abfallenden kurzen Fasern, die Chinagraskämmlinge, lassen sich gerade so wie Baumwolle verspinnen und werden auch auf Baumwollspinnmaschinen verarbeitet. Häufig vermischt man sie auch mit Baumwolle, und in neuerer Zeit werden wollene Streichgarne hergestellt, zu denen als Rohstoff ein Gemisch aus Schafwolle und Chinagraskämmlingen benutzt wird. Auch werden Streichgarne aus reinen Chinagraskämmlingen hergestellt, der pflanzliche Rohstoff also nach dem Verfahren der in der Wollenindustrie üblichen Streichgarnspinnerei verarbeitet.

Die Verarbeitung der übrigen Bastfaserstoffe stimmt mit der Herstellung der Leinen- und Jutegarne überein; sie hat überdies bis jetzt für die deutsche Industrie zu wenig Bedeutung, um eine nähere Besprechung zu rechtfertigen.

3. Die Herstellung der Wollengarne.

Die Wollwäscherei. Wenngleich das tierische Haar von der Natur frei dargeboten wird, so befindet es sich doch in einem Zustande, der eingehende und umständliche Reinigungsarbeiten nötig macht, bevor an das Verspinnen gegangen werden kann.

Die rohe Wolle, wie sie vom Tiere geliefert wird, hat sehr wechselnde Zusammensetzung. Der reinen Wollfaser haftet an: Wasser, Wollfett, Wollschweiss und Schmutz. Von diesen müssen die drei letztgenannten unbedingt entfernt werden.

Vermöge ihrer hygroskopischen Eigenschaft, d. h. vermöge ihrer Fähigkeit, Wasserdampf aus der Luft anzuziehen, ist das Wollhaar stets wasserhaltig. Was wir lufttrockene Wolle zu nennen gewohnt sind, enthält noch 14—20%, im Durchschnitt 17% Wasser. Wenngleich der Gehalt an reinem Wasser für den Fabrikanten, der Wolle einkauft, ein begreifliches und schwerwiegendes Interesse hat, so ist er jedoch für die Reinigungsarbeiten ohne jeden Belang.

Das Wollfett bildet einen erheblichen, bis zu 30% gehenden Bestandteil der Schmutz- oder Schweisswolle. Man kann es leicht rein darstellen, indem man eine Menge Wolle mit einem fettlösenden Mittel, etwa mit Petroleumäther auszieht, den Auszug durch Filtrieren von dem beigemengten Schmutz reinigt und die Flüssigkeit verdunsten lässt. Der Rückstand ist reines Wollfett und bildet eine gelblich-weisse bis grünlich-gelbe Masse, die in der Kälte hart und fest ist. In neuerer Zeit wird es in grösserem Massstabe aus der Wolle gewonnen und zu verschiedenen Zwecken verarbeitet. Gereinigt und gebleicht kommt es unter dem Namen Lanolin als Salbenkörper in den Handel. Die in der Schmutzwolle vorhandenen Salze sind Kalisalze organischer Säuren. Sie treten mit dem Schweiss des Tieres aus der Haut aus und bleiben nach Verdunstung des Wassers in dem Wollvlies zurück. In grösseren Wollwäschereien werden diese Salze durch Auslaugen der Schmutzwolle mit kaltem Wasser gewonnen und auf Pottasche verarbeitet. Zu dem Zwecke wird die Auslaugungsflüssigkeit bis zur Trockene eingedampft, der Rückstand wird eingeäschert und hinterlässt dabei sämtliches Kali gebunden an Kohlensäure als kohlensaures Kali oder Pottasche. Durch Auslaugen des Verbrennungsrückstandes mit reinem Wasser und Abdampfen der Flüssigkeit erhält man eine nahezu chemisch reine Pottasche. 100 kg Schmutzwolle können durchschnittlich 8—9 kg Pottasche liefern. Man gewinnt technisch etwa 6—7 kg. — Der hohe Gehalt der Schmutzwolle an Kalisalzen rührt daher, dass das Schaf ausschliesslich Pflanzenfresser ist und sich vorwiegend von grünen Pflanzenteilen nährt. Alle Pflanzen enthalten, insbesondere in den grünen Teilen, Kaliverbindungen. Für den tierischen Körper aber sind grössere Mengen von Kaliverbindungen giftig. Er scheidet sie deshalb rasch aus und zwar gewöhnlich durch den Urin und Kot. Bei dem Schaf aber werden die Kalisalze in grösster Menge durch den Hautschweiss aus dem Körper entfernt.

Der Gehalt der Wolle an klebrigem Wollfett ist ferner Schuld daran, dass der durch die bewegte Luft auf das Wollvlies gebrachte Staub festgehalten und dadurch die Wolle mit Schmutz beladen wird. Die Anwesenheit des Wollfettes macht die Reinigung der Wolle schwierig, da das Fett vom Wasser nicht gelöst wird. Vielfach werden zwar die Schafe vor der Schur gewaschen, jedoch beseitigt diese Pelz- oder Rückenwäsche nur oberflächlich den anhängenden Schmutz und gibt der Wolle ein besseres Aussehen. Die Pelzwäsche kann deshalb niemals die spätere vollkommene Reinigung, die Fabrikwäsche genannt wird, ersetzen oder überflüssig machen.

Zur Beseitigung des Fettes aus der Schmutzwolle ist die Anwendung eines Alkalis erforderlich. Von den ätzenden Alkalien sind Aetznatron und Aetzkali nicht verwendbar, weil ihre Lösungen in der Kälte das Wollhaar stark angreifen, in der Wärme sogar auflösen. Ammoniaklösung ist ein vorzügliches Waschmittel, jedoch für die Verwendung im grossen zu teuer. Das hauptsächlichste Waschmittel ist Soda, und die zu Streichgarn bestimmte Wolle wird fast ausschliesslich mit Soda gewaschen. Früher war als Waschmittel allgemein fauler Urin üblich. Er wird heute nur noch für sehr feine Wollsorten benutzt. Der Urin enthält infolge der Zersetzung des in ihm enthaltenen Harnstoffes erhebliche Mengen von kohlensaurem Ammoniak. Letzteres hat vor der Soda den Vorzug, dass es die Wolle weich und geschmeidig macht, während die Soda ihr eine gewisse Härte und Sprödigkeit verleiht.

Die Wäsche der Streichwolle umfasst zwei Arbeiten: das Einweichen und das Ausspülen. Zum Einweichen bringt man die Schmutzwolle in ein Sodabad von etwa 40 ° C. In ihm wird das Fett zwar nicht verseift, aber löslich gemacht, so dass es verhältnismässig leicht aus der Wolle herausgeht. Mit dem Fett wird natürlich auch der von ihm festgehaltene Schmutz entfernt. Die in der Wolle enthaltenen Salze gehen im Wasser ohne weiteres in Lösung. Die Wolle wird darauf zwischen hölzernen Quetschwalzen unter grossem Druck ausgepresst, um sie von der anhängenden Waschflüssigkeit nach Möglichkeit zu befreien, hierauf in kaltem Wasser ausgespült. Dieses Ausspülen bildet den wichtigsten Teil des Verfahrens, von dem das gute Ergebnis geradezu abhängt. Das Ausspülen muss in einer so reichlichen Wassermenge vorgenommen werden, dass die eingebrachte Wolle darin frei schwimmen kann. Die Haare trennen sich alsdann voneinander und der anhängende Schmutz wird herausgeschwemmt. Kann die Wolle in dem Spülwasser nicht frei schwimmen, so wird sie niemals rein. Das Wasser muss ferner klar, weich und möglichst kalt sein. Die niedrige Temperatur ist deshalb nötig, weil bei ihr das Fett erstarrt und sich alsdann aus der Wolle herausschwemmen lässt. Bei einer Temperatur über 16 ⁰ C wird es klebrig, hängt sich infolgedessen wieder an die Wollhaare an und kann nicht herausgespült werden. Das Spülen wird in 3—4 Bottichen hintereinander vorgenommen; in jedem Bottich fliesst unausgesetzt frisches Wasser in starkem Strahl zu und verbrauchtes Wasser in gleicher Menge ab. Nach beendeter Wäsche und Spülung wird die Wolle ausgepresst und getrocknet.

Die Wäsche der zu Kammgarn bestimmten Wolle weicht von dem beschriebenen Verfahren erheblich ab. Die Schmutzwolle wird gewöhnlich in 4 Bottichen hintereinander mit heisser Waschlauge behandelt und als Waschmittel werden Soda, Pottasche und Seife zugesetzt. Der letzte Behälter enthält gewöhnlich als Waschmittel nur Seife. Aus ihm gelangt die Wolle durch Quetschwalzen hindurch unmittelbar zu der Trockenvorrichtung. Natürlich bleibt hierbei Seife in der Wolle zurück, indessen ist dies für die nachfolgende Bearbeitung nur vorteilhaft.

Die für die Wollwäscherei gebrauchte Maschine wird Leviathan genannt. Sie besteht aus 4—5 Bottichen von gleicher Einrichtung, die hintereinander aufgestellt sind. In der Abbildung Fig. 36 ist der letzte Waschbottich der Maschine nebst den sich anschliessenden Quetschwalzen und der Trockentrommel dargestellt. Die von dem Zufuhrtisch a kommende Wolle wird von dem Einweicher b unter die Flüssigkeit gebracht und durch die Rechen c langsam vorwärts geschoben. Die unteren Enden der Rechen beschreiben die angedeutete Kurve, gehen also oberhalb der Flüssigkeit zurück. Jeder Bottich

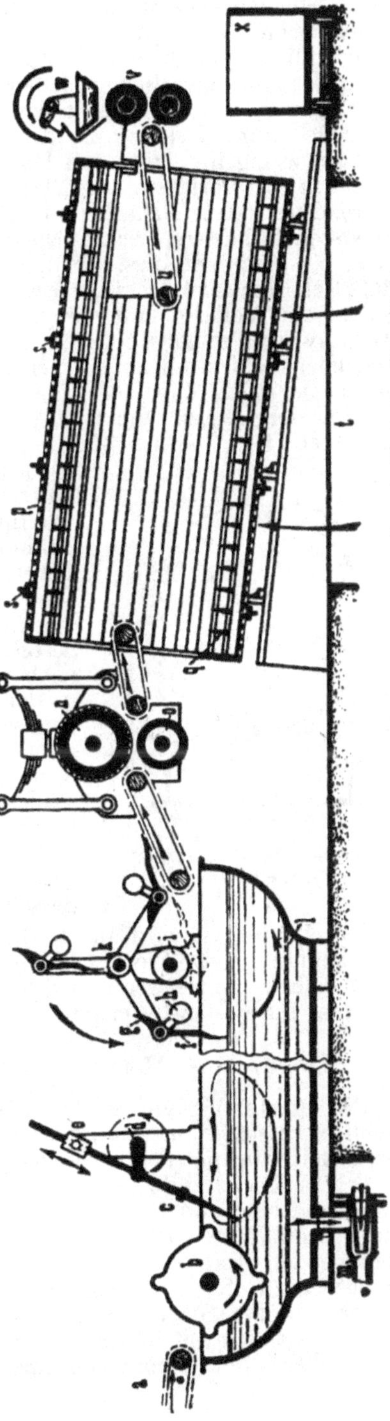

Fig. 36. Wollwaschmaschine (Leviathan) mit Trockentrommel und Einfettungsvorrichtung.

hat 2 Rechen. Der hinter dem zweiten Rechen angebrachte Ausheber befördert die Wolle mit Hilfe der drei um k drehbaren Rechen f auf einen endlosen Tisch, der sie den Quetschwalzen n o zuführt. Jeder Bottich hat über dem eigentlichen Boden einen zweiten siebartig durchlöcherten Boden l. Durch ihn senkt sich der Schmutz nieder, ohne dass zugleich Wolle mitgehen kann. Bei m kann der Schlamm abgelassen werden. Es wird auch wohl zeitweilig mit Hilfe von Dampfstrahlgebläsen der Inhalt des letzten Behälters in den vorletzten, der Inhalt dieses in den drittletzten usw. befördert, während der letzte Behälter mit frischer Waschlauge beschickt und der Inhalt des ersten Behälters, der natürlich am meisten Schmutz enthält, weggegossen wird. Es geschieht dies, um die Bäder nach Möglichkeit auszunutzen. Der letzte Behälter der Maschinen wird häufig auch nur mit reinem Wasser beschickt, so dass die Wolle in ihm nur gespült wird. Zwischen je zwei Bottichen sind Quetschwalzen angebracht. Um den Druck dieser Walzen elastisch und dabei doch höchst wirksam zu machen, wird die obere Walze mit Hanfseilen oder noch besser mit langer englischer Wolle umwickelt.

Von den letzten Quetschwalzen gelangt die Wolle in die Trockentrommel. Sie bildet (Fig. 36 und 36 a) einen Zylinder aus Drahtgeflecht p, der mit T-förmigen Schienen s auf Rollen r läuft, die Antrieb erhalten und die Trommel mitnehmen. Im Innern ist die Trommel in ihrer ganzen Ausdehnung mit Zähnen q besetzt. Sie nehmen bei der Umdrehung der Trommel die eingebrachte Wolle mit und lassen sie, am höchsten Punkte angelangt, wieder fallen. Die Trommel ist schräg gestellt. Infolgedessen rückt die Wolle stetig nach rechts und fällt schliesslich auf den Tisch u, der sie nach aussen befördert. w bezeichnet eine weiterhin zu besprechende Einfettungsvorrichtung. Die Walzen v liefern die Wolle in den darunter stehenden Behälter x. Unterhalb der Trommel befinden sich Dampfrohre, die einen heissen Luftstrom t durch sie schicken. Die Trommel befindet sich gewöhnlich in einem allseitig geschlossenen Gehäuse, und am höchsten Punkte desselben saugt ein Ventilator die nasse Luft ab.

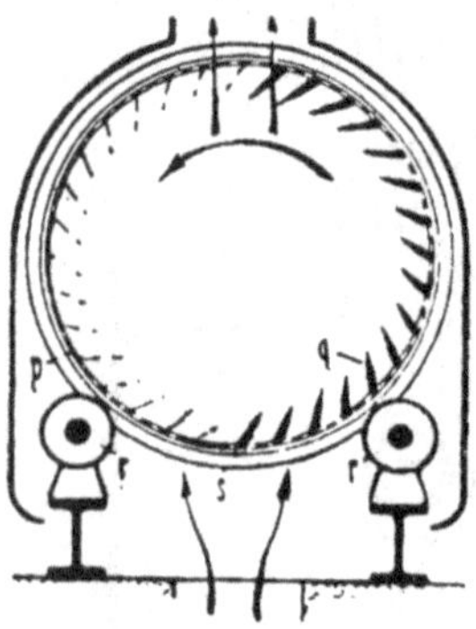

Fig. 36 a. Trockentrommel (Querschnitt).

Der Leviathan wird in gleicher Weise für Streichwolle und für Kammwolle benutzt. Die Trockentrommel findet bis jetzt wesentlich nur bei der Kammwollwäsche Verwendung. Selbstredend würde sie aber auch für Streichwolle sehr gute Dienste leisten.

a) Die Herstellung der Streichgarne.

Die Herstellung von wollenen Streichgarnen ist von der der Kammgarne erheblich verschieden. Es ist deshalb erforderlich, die beiden Spinnereiverfahren weiterhin getrennt zu behandeln.

Das Karbonisieren. Ist die Wollwäsche richtig durchgeführt, so hat man eine von Fett, Schweiss und Schmutz befreite, jedoch nicht vollständig reine Ware, denn die Wäsche ist nicht imstande eine andere Art verunreinigender Stoffe wegzuschaffen, die unter dem Namen Kletten zusammengefasst werden. Sie bestehen bei einheimischen Wollen aus Futterresten, Strohteilchen von der Streu herrührend, Blattstückchen, Dornen usw. Ihre Entfernung lässt sich auf mechanischem Wege verhältnismässig leicht bewerkstelligen. Früher benutzte man dazu eine Maschine, die den Namen Klettenwolf führt.

Bei den überseeischen Wollen aber bestehen die Kletten aus den Früchten einer Distelart. Es sind schmale Bänder, die an beiden Rändern mit stacheligen Wimpern besetzt und zu einem Knäuel zusammengerollt sind. Solche Kletten lassen sich auf mechanischem Wege nicht entfernen. Deshalb ist der Klettenwolf seit Einführung der überseeischen Wolle ausser Gebrauch gekommen; heute wird das Entkletten der Wolle auf chemischem Wege durch ein Verfahren bewerkstelligt, das Karbonisieren genannt wird. Vielfach wird das Karbonisieren erst in der Appretur mit den fertigen Geweben vorgenommen. Es geschieht, wenn die Kletten nicht so gross und zahlreich sind, dass ein Verspinnen der Wolle unmöglich ist. Man unterscheidet deshalb ein Karbonisieren von Flockwolle und ein Karbonisieren im Stück. Da eine nicht karbonisierte Wolle sich besser spinnen, auch eine Ware aus solcher sich in der Appretur, namentlich bei der Walke, besser behandeln lässt, so bietet das Karbonisieren im Stück Vorteile.

Das Karbonisieren geschieht stets in der Weise, dass man die klettenhaltige Wolle mit einer stark verdünnten Säure tränkt und alsdann an der Luft erhitzt. Statt der Säure kann auch ein Salz genommen werden, das beim Erhitzen Säure abspaltet und in Freiheit setzt. So sind gegenwärtig als Karbonisiermittel im Gebrauch Schwefelsäure, saures schwefelsaures Natron, Chloraluminium, Chlormagnesium, und gasförmige Salzsäure. Letztere wird vorwiegend in der Kunstwollfabrikation zur Zerstörung der in den Lumpen enthaltenen Baumwolle benutzt. Zum Karbonisieren von Flockwolle gebraucht man meistens Schwefelsäure; besser noch ist eine Lösung von saurem schwefelsaurem Natron, da es die Wolle weniger angreift. Chloraluminium und Chlormagnesium werden vorwiegend beim Karbonisieren von Stücken angewandt. Ihre Wirkung beruht darauf, dass ihre wässerigen Lösungen beim Eindampfen und Erhitzen (auf 115 ° C bei Chloraluminium, 130 ° C bei Chlormagnesium) Salzsäure in Freiheit setzen.

Die Wolle wird zunächst gesäuert, d. h. in einer verdünnten Schwefelsäure von 3—4 ° C solange belassen, bis die Kletten von der Flüssigkeit vollständig durchtränkt sind. Darauf nimmt man sie aus dem Bade, lässt abtropfen und schleudert die nasse Menge auf einer Zentrifuge möglichst stark aus. Alsdann breitet man die Wolle in der Heizkammer auf Hürden aus und setzt sie einer Temperatur von 100 ° C aus und zwar so lange, bis in einer herausgenommenen Probe die Kletten vollständig mürbe und zerreiblich geworden sind. Beim spätern Bearbeiten der Wolle auf dem Klopfwolf fliegen alsdann die Kletten als Staub heraus. Zur Entfernung der rückständigen Säure muss die karbonisierte Wolle entsäuert, d. h. auf chemischem Wege von der Säure befreit werden. Zu dem Zwecke bringt man sie in ein kaltes Sodabad. Die Soda neutralisiert die Schwefelsäure unter Bildung von schwefelsaurem Natron, das im Wasser gelöst bleibt.

Beim Karbonisieren von Gerberwolle ist darauf Rücksicht zu nehmen, dass die Wolle kalkhaltig ist und dass der Kalk die Säure unwirksam macht. Man muss deshalb die Gerberwolle vorher durch Wolfen und Spülen nach Möglichkeit von dem Kalk befreien, auch darf man die Säurebäder doppelt so stark machen. Bei gesunder Wolle aber soll man sich hüten, die Schwefelsäurebäder stärker als 3 ° B zu machen, da sonst die Wolle sehr leidet. Bei Anwendung von saurem schwefelsaurem Natron soll die Stärke des Bades 7—8 ° B betragen.

Bisweilen wird das Karbonisieren im Fett angewandt. Man spült zu dem Zwecke die Schmutzwolle vorerst nur in reinem kaltem Wasser oder auch in solchem, dem etwas Soda zugesetzt wurde. Hierbei wird der Schmutz zum grössten Teile entfernt, das Fett aber bleibt zurück. Der Fettüberzug schützt das Haar vor der Einwirkung der Säure. Mit dem nachfolgenden Entsäuern im Sodabade wird dann gleichzeitig die eigentliche Wollwäsche vorgenommen.

Umgekehrt liegt die Sache beim Karbonisieren der Kämmlinge. Diese sind häufig stark fetthaltig und auch die in ihnen enthaltenen Kletten enthalten so viel Oel, dass die Säureflüssigkeit nicht eindringen kann. In diesem Falle bleibt nichts übrig, als vor dem Karbonisieren in einem Sodabade zu waschen.

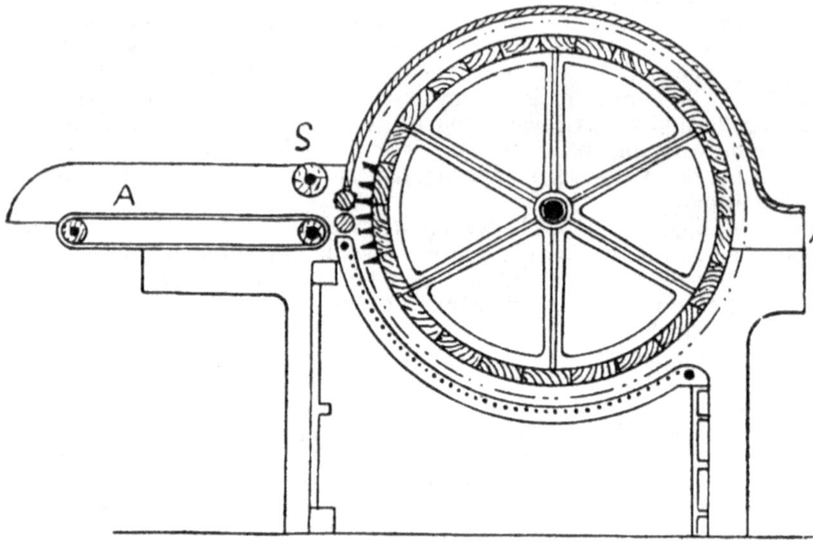

Fig. 37. Der gewöhnliche Reisswolf.

Bei dem vorhin genannten Karbonisieren der Wolle im Fett ist ein Karbonisieren trotz des Fettgehaltes möglich, da nur die Wollhaare mit Fett überzogen sind, das starre Wollfett aber in die Kletten nicht eindringt.

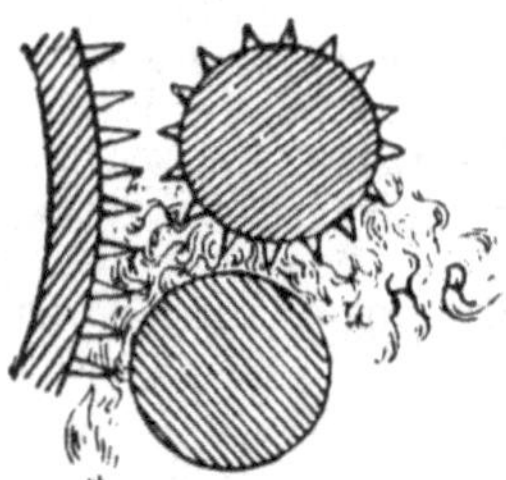

Fig. 37 a.
Arbeitsstelle d. Reisswolfes.

Das Wolfen. Die mehrfache Behandlung der Wolle in Flüssigkeiten beim Waschen und Karbonisieren, wozu häufig noch ein Bleichen und ein Färben hinzutritt, bewirkt, dass die Wolle sich zu festeren Flocken zusammenballt, strickig wird oder sogar schwach verfilzt. Ein Bearbeiten auf den Spinnmaschinen ist deshalb nicht ohne weiteres möglich. Die Wolle muss vielmehr vorher aufgelockert und wieder in getrennte Haare aufgelöst werden. Die hierzu gebrauchten Maschinen werden Wölfe genannt, das Verfahren selbst heisst Wolfen. Die in der heutigen Streichgarnspinnerei benutzten Wölfe sind wesentlich folgende:

Der gewöhnliche Reisswolf (Fig. 37 und Fig. 37 a). Die Wolle gelangt auf einem endlosen Speisetisch A zu einem Paar Einführwalzen, von denen die untere glatt, die obere gezahnt oder geriffelt ist (Fig. 37 a). Die zwischen den Speisewalzen hervortretenden und von ihnen festgehaltenen Wollbündel werden von den Zähnen der Trommel T auseinandergerissen. Die über dem Speisetisch angebrachte Schutzwalze S hat die Aufgabe, die Wolle vor dem Eintritt zwischen die Speisewalzen niederzudrücken, auch zu verhüten, dass der Arbeiter beim Auftragen der Wolle mit der Hand zwischen die Speisewalzen gerät. Bei F fliegt die Wolle aus der Maschine. Unterhalb ist die Trommel T von einem Siebboden umgeben, durch den Staub usw. von einem Ventilator abgesogen werden. Gewöhnlich wird die vom Reisswolf bearbeitete Wolle noch durch

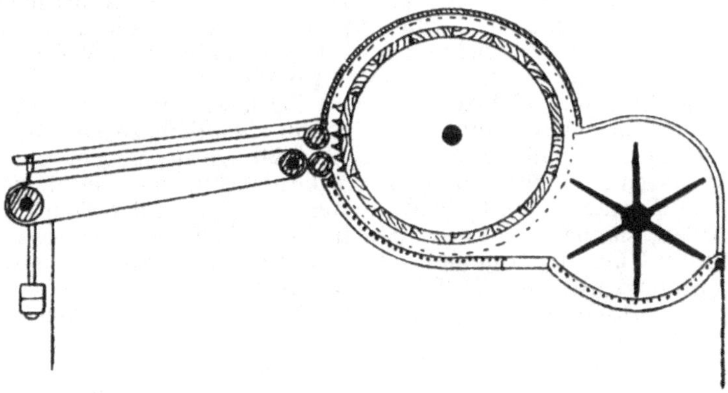

Fig. 38. Reisswolf in Verbindung mit dem Klopfwolf.

einen Schlagwolf weiter aufgelockert. Er besteht aus einer wagerecht gelagerten Achse, die spiralförmig mit Schlägern besetzt ist. Fig. 38 zeigt den Reisswolf in Verbindung mit dem Schlag- oder Klopfwolf.

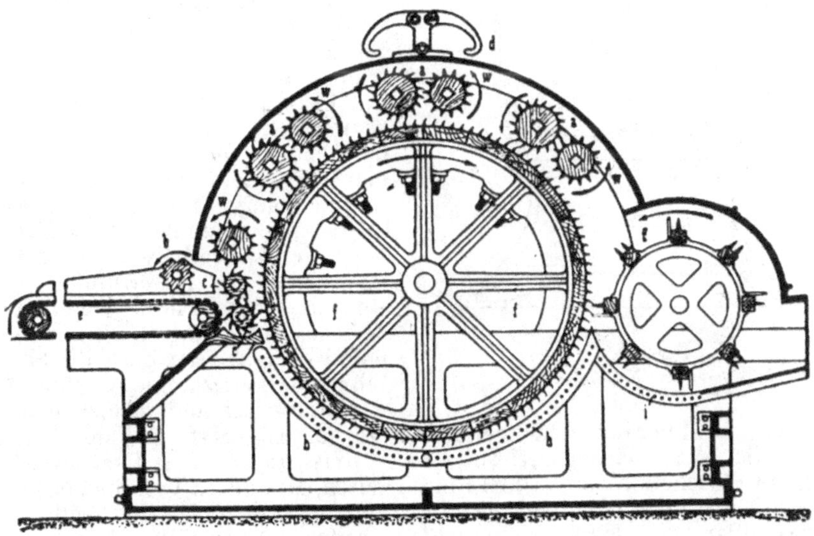

Fig. 39. Krempelwolf.

Der Krempelwolf. Der gewöhnliche Reisswolf besitzt nur eine einzige Arbeitsstelle, nämlich da, wo die Wolle von den Speisewalzen den Zähnen der Trommel vorgehalten wird. Alle übrigen Teile des Trommelumfanges laufen leer. Man muss deshalb, soll die Maschine viel leisten, die Trommel sehr schnell laufen lassen. Dadurch aber wird die Wolle unnötigerweise kurz gerissen. Leistungsfähiger und schonender ist der Krempelwolf (Fig. 39). Die Wolle gelangt auf dem endlosen Speisetisch e unter der Schutzwalze b an die gezahnten Einführungswalzen c c. Dort greifen die Zähne der Trommel f ein und bearbeiten die Wolle zum ersten Male. Die Walze w reinigt die obere Speisewalze von zurückgehaltener Wolle und bringt sie auf die Trommel zurück. Weiterhin folgen auf der oberen Hälfte der Trommel drei Walzenpaare, von denen jedes aus einem Arbeiter a und einem Wender w besteht. Die zwischen den Zähnen der Trommel f befindliche Wolle hakt sich an den Zähnen jedes Arbeiters a fest und wird somit neuerdings auseinandergezogen. Die Wender w nehmen die zurückgehaltene Wolle aus den Zähnen des zugehörigen Arbeiters heraus und geben sie an die Trommel ab. Die Maschine hat folglich vier Arbeitsstellen. Die Walze g kämmt die Wolle aus den Zähnen der Trommel f heraus und befördert sie nach aussen. Sie muss deshalb eine grössere Umfangsgeschwindigkeit als die Trommel haben. h und i sind Siebböden zur Entfernung des Staubes usw. mit Hilfe eines Ventilators.

Der Misch- oder Melierwolf (Fig. 40). Sollen verschiedenfärbige Wollen miteinander verarbeitet werden, so ist ein gründliches und gleichmässiges Durcheinandermischen Vorbedingung eines guten Erfolges. Die hierzu benutzte Maschine heisst Misch- oder Melierwolf und besteht aus drei wagerecht gelagerten parallelen Achsen, die spiralförmig mit Schlägern besetzt sind. Sie arbeiten die eingebrachte Wolle sehr gründlich durcheinander.

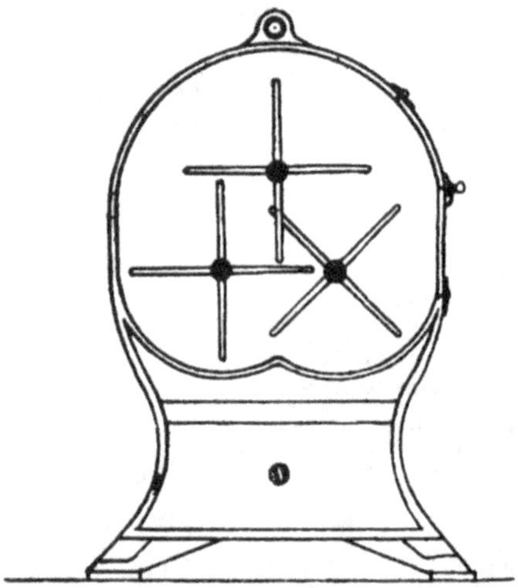

Fig. 40.
Misch- oder Melierwolf.

Das Einfetten. Die Wolle wird vor dem Spinnen stets eingefettet und zu dem Zwecke mit Oel getränkt. Das Einfetten hat den Zweck, das Haar geschmeidig und schlüpfrig zu machen. Es folgt alsdann leichter der Einwirkung des Kratzenzahnes beim Krempeln, der es aus seinem Zusammenhang mit anderen Haaren loslösen und in eine bestimmte Richtung legen muss, und beim Feinspinnen lässt sich das Faserbündel leichter auf die erforderliche Feinheit ausziehen. Zum Einfetten wäre deshalb jede Flüssigkeit geeignet, die Schmierfähigkeit besitzt; neben den fetten d. h. tierischen und pflanzlichen Oelen also auch ein Mineralöl. Da aber späterhin das zugesetzte Oel aus dem Garn oder aus der Ware wieder entfernt werden muss und dies bis jetzt ausschliesslich durch Waschen in alkalischen Flüssigkeiten, also durch Verseifen des Fettes, geschieht, so sind die Mineralöle als Einfettungsmittel für die Wollspinnerei unverwendbar. Sie lassen sich nicht verseifen. Auch Gemische von fetten Oelen und Mineralölen sind nicht zulässig. Von den fetten Oelen werden heute in der Wollspinnerei ausschliesslich Olivenöl und Olein gebraucht und zwar letzteres in weitaus überwiegender Menge. Das Olein ist chemisch betrachtet eine Fettsäure und zwar rohe Oelsäure, hat aber äusserlich die Beschaffenheit eines flüssigen Oeles. Vor dem Olivenöl hat es den Vorzug, dass es sich beim Auswaschen leichter verseift, weniger Waschmittel erfordert und billiger ist.

Dagegen hat es auch manche Nachteile. Es besitzt geringere Schmierfähigkeit als Olivenöl, weil es erheblich dünnflüssiger ist als dieses. Bei + 6° C erstarrt es und, einmal fest geworden, wird es erst bei + 14 ° C wieder flüssig. Nach längeren Arbeitspausen im Winter, wo die Temperatur im Spinnsaal unter + 6 ° C sinkt, erstarrt deshalb das Olein in der Wolle und macht eine Zeitlang das Arbeiten unmöglich. An der Luft verharzt das Olein allmählich; dadurch entsteht klebriges Garn, das nur schwierig von der Spule abläuft und beim Kettenscheeren und Weben Schwierigkeiten bereitet. Endlich lässt sich das Olein schwieriger gleichmässig durch die Wolle verteilen als Olivenöl. Um nämlich das Oel besser durch den Rohstoff verteilen zu können, mischt man es mit einer grösseren Menge Wasser und bewirkt durch Schütteln oder Schlagen des Flüssigkeitsgemisches eine Emulsion. Befördert wird die Emulsionsbildung dadurch, dass man dem Wasser etwas Soda oder Ammoniak zusetzt. In dieser Emulsion, die Wollschmelze genannt wird, ist das Oel in feine Tröpfchen zerteilt und in der Flüssigkeit schwebend. In der mit Olein bereiteten Schmelze trennen sich die Bestandteile sehr rasch wieder, und nach kurzer Zeit schwimmt das Oel auf dem Wasser. Die mit Olivenöl bereitete Emulsion behält unbeschränkt lange ihre Gleichmässigkeit. Bei der Oleinschmelze liegt aber stets die Gefahr einer ungleichmässigen Einfettung vor.

Besonderer Wert ist darauf zu legen, dass das zur Wollschmelze benutzte Oel frei von unverseifbaren Bestandteilen ist. Man prüft es in dieser Beziehung, indem man eine Probe mit Aetznatron verseift, die Seife eindampft und trocknet, bis sie wasserfrei geworden ist, sie sodann zu Pulver reibt und mit Petroleumäther auszieht. Waren unverseifbare Bestandteile vorhanden, so löst der Petroleumäther sie aus der Seife, und sie bleiben beim nachherigen Abdunsten des Aethers zurück.

Das Einfetten der Wolle geschieht mit der Hand oder mit Hilfe einer Maschine, des Schmier- oder Oelwolfes. Beim Einfetten mit der Hand wird eine Menge Wolle in nicht zu hoher Schicht am Boden ausgebreitet und mit Hilfe einer Brause mit Schmelze übergossen; darauf kommt eine zweite Schicht Wolle, diese wird wieder mit Schmelze übergossen usw. Zu beachten ist hierbei, dass zu der einzuschmelzenden Wollmenge die abgemessene Menge Schmelze aufgebraucht wird und dass jede Wollschicht gleichviel Oel erhält. Nach einiger Zeit wird der Wollhaufen umgewandt und mit Stöcken oder Gabeln tüchtig durcheinander gearbeitet. Zum Schluss lässt man die so vorbearbeitete Wolle noch durch einen Wolf gehen, um die Schmelze gleichmässig zu verteilen. Sie ist dann zum Verspinnen fertig.

Der Schmier- oder Oelwolf hat die Einrichtung Fig. 41. Ueber dem Speisetisch eines gewöhnlichen Reisswolfes befindet sich der grössere Behälter A und in diesem der kleinere Behälter B. Aus A nehmen zwei drehbare Bürsten Schmelze und befördern sie in den Behälter B, indem sie es an dessen Kante abstreichen. Zwei weitere Bürsten schöpfen die Flüssigkeiten aus B, streichen sie an der Vorderkante von A ab und lassen sie auf die darunterliegende Wolle träufeln. Es sind mannigfache Einrichtungen von Schmierwölfen in Vorschlag gebracht worden, auch zur Annahme gelangt, jedoch hat bis jetzt keine uneingeschränkten Beifall gefunden. Es wird deshalb vielfach das Einfetten mit der Hand vorgezogen.

Die in Fig. 36 dargestellte Vorrichtung zum Einfetten der Kammwolle besteht einfach darin, dass ein Schöpfgefäss aus dem Behälter w Flüssigkeit aufnimmt und sie an dem Streichbrett absetzt. Die Flüssigkeit tropft auf die Oberwalze v und gelangt von ihr in die Wolle.

Die eingefettete Wolle soll, falls sie nicht sofort auf die Krempel gebracht werden kann, tunlichst bedeckt aufbewahrt werden, weil sie sonst durch Verdunstung viel Wasser verliert. Da dieser Wasserverlust wesentlich an der Oberfläche stattfindet, kann leicht eine ungleichmässige Speisung der Krempel eintreten, indem einmal wasserreichere, ein anderes Mal wasserärmere Wolle aufgelegt wird. Auch ist zu beachten, dass das Wasser in der Wolle infolge seiner Schwere nach unten sinkt. Nach längeren Pausen muss deshalb die eingefettete Wolle vor dem Aufgeben auf die Krempel wieder durcheinander gearbeitet werden.

Das Krempeln. Die Behandlung der Wolle auf der Krempel bildet den wichtigsten Teil der Streichgarnspinnerei. Man lässt die Wolle nacheinander durch drei Maschinen hindurchgehen. Die drei Maschinen bilden einen Spinnsatz (Assortiment). Die erste Maschine heisst Vor- oder Reisskrempel, die zweite Fein- oder Pelzkrempel, die dritte Vorspinnkrempel, Vorgarnkrempel oder Continuekrempel. Bauart und Wirkungsweise sind bei allen Maschinen gleich, nur hat jede folgende feinere Kratzenzähne als die vorhergehende. Es genügt deshalb, eine der Maschinen näher zu besprechen.

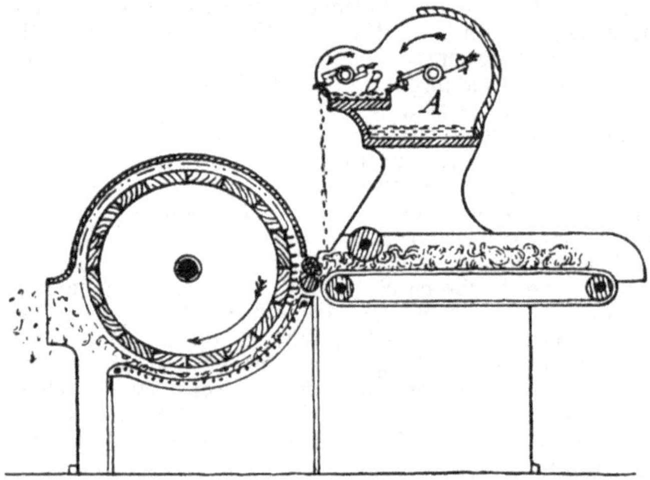

Fig. 41. Schmier- oder Oelwolf.

In Fig. 42 ist die Reisskrempel dargestellt und zwar in Verbindung mit einer selbsttätigen Speisevorrichtung. Die Wolle wird in den Kasten A gebracht. In ihm bewegt sich das endlose gezahnte Lattentuch b um Führungswalzen c. Es nimmt in seinen Zähnen Wolle auf und befördert sie nach oben. Der schwingende Kamm d streift die überschüssige Wolle ab. Walze e kämmt die Wolle aus den Zähnen von b heraus und befördert sie auf die Walze f. Von dieser gelangt sie in den Behälter g, der mit einer Wage verbunden ist, sich unten öffnet und die Wolle auf den endlosen Speisetisch h der eigentlichen Krempel fallen lässt, wenn sich im Behälter eine bestimmte Menge angesammelt hat. Diese selbsttätige Speisevorrichtung ist nicht immer mit der Reisskrempel verbunden. Früher war es allgemein und jetzt ist es noch vielfach üblich, die Wolle von einem Arbeiter auf den Speisetisch der Krempel ausbreiten zu lassen. Er muss alsdann eine abgewogene Wollmenge auf einer bestimmten Länge des Speisetisches, die durch farbige Latten begrenzt ist, gleichmässig ausbreiten. Man ist dabei auf die Gewissenhaftigkeit und Aufmerksamkeit des Arbeiters angewiesen. Oberhalb des Speisetisches befindet sich der auf der

Unterseite abgerundete Drücker i, welcher hin und her schwingte und die Wolle gleichmässig niederdrückt, ehe sie an die gezahnten Speisewalzen k gelangt.

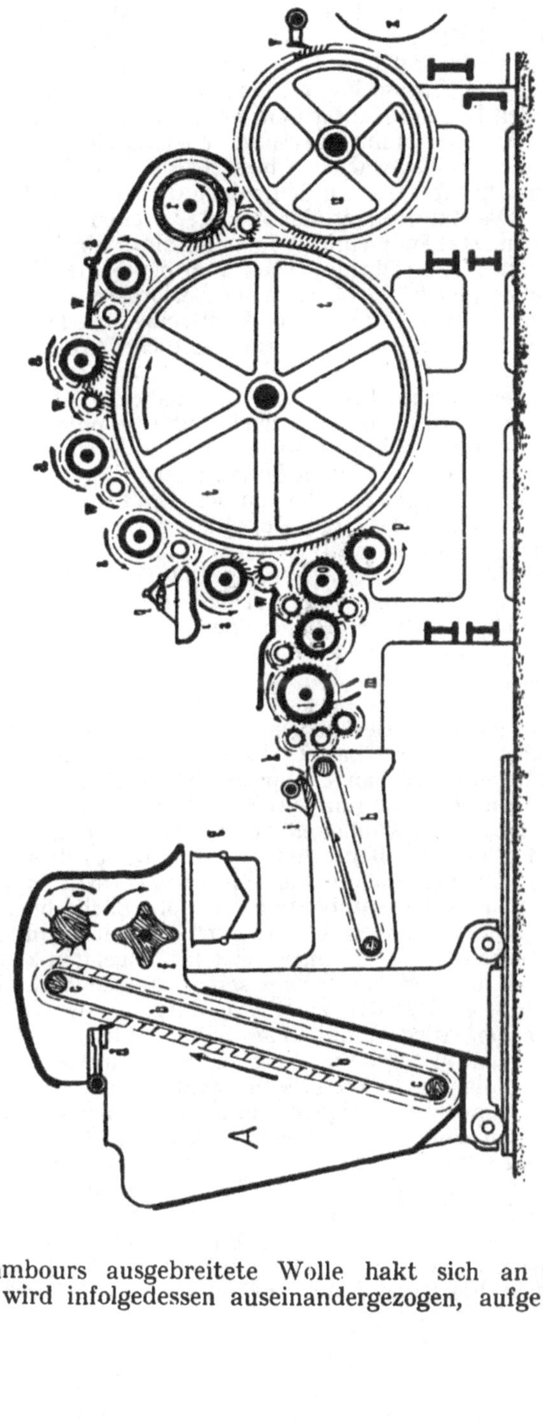

Fig. 42. Reisskrempel mit selbsttätigem Krempelspeiser.

Die der ersten Krempel übergebene Streichwolle ist trotz des vorhergegangenen Wolfens meistens noch stark ineinanderhängend und noppig. Es ist deshalb zweckmässig, sie vor der Behandlung durch den feinen Kratzenbeschlag der eigentlichen Krempel nochmals tunlichst aufzulockern. Dies geschieht durch die auf die Speisewalzen folgenden vier Walzen l, n, o, p. Sie sind sämtlich mit einem Kratzenbeschlag aus starkem Sektoraldraht versehen. Die Wolle geht unterhalb l, oberhalb n, unterhalb o auf den Tambour t. Die Walze p nimmt einen Teil der Wolle von o ab und liefert sie ihrerseits an den Tambour. Die weiterhin gezeichneten kleineren Walzen sind Reinigungswalzen, die die untere Speisewalze, und die Walzen l, n, o von zurückhaltender Wolle reinigen sollen. Bei m sind zwei in scharfe Schneiden auslaufende Stahlmesser angebracht. Die Schneiden reichen möglichst nahe an den Kratzenbeschlag von l heran. Die Messer haben die Aufgabe, die in der Wolle befindlichen Kletten nach Möglichkeit abzustreifen und zu entfernen.

Die vom Tambour aufgenommene Wolle geht nun an fünf Walzenpaaren a und w vorbei. Die Walzen a heissen Arbeiter, die Walzen w Wender. Die Arbeiter haben wie der Tambour einen Kratzenbeschlag aus feinem Runddraht. Die auf dem Beschlage des Tambours ausgebreitete Wolle hakt sich an den Zähnen der Arbeiter a an, wird infolgedessen auseinandergezogen, aufgelöst und bei fortgesetzter Einwirkung in der Drehrichtung des Tambours gerade und parallel gelegt. Dies ist die Aufgabe des Krempelns. In den Zähnen der Arbeiter sammelt sich zurückgehaltene Wolle an. Die Wender w sind bestimmt und auch durch ihre Zahnstellung und Bewegungsrichtung fähig, diese Wolle aus dem Beschlage der zugehörigen Arbeiter heraus zu nehmen und wieder auf den Tambour zu bringen. Die beiden ersten Arbeiter bringen auch eine Anzahl Kletten aus der Wolle heraus. Um sie aufzunehmen, sind die beiden Bleche q unter dem ersten und zweiten Arbeiter angebracht.

Die Maschine hat somit ebensoviele Bearbeitungsstellen für die Wolle, als sie Arbeiterwalzen a besitzt, und von der richtigen Stellung der Kratzenzähne der Arbeiter zu denjenigen der Trommel hängt die Leistung der Maschine ab. Die Zahnspitzen der Arbeiter greifen nicht in den Beschlag des Tambours hinein, stehen vielmehr 1,5—0,5 mm von den Zahnspitzen des Tambours ab. Indessen die richtige Entfernung der beiden Beschlagspitzen ist nicht für alle Wollen gleich. Gröbere Wollen erfordern eine grössere Entfernung als feinere. Auch ist die Entfernung nicht dieselbe für alle drei Maschinen desselben Assortiments und ferner nicht für sämtliche Arbeiter derselben Maschine. Bei der Reisskrempel stehen die Beschlagspitzen des ersten Arbeiters am weitesten ab, die der folgenden Arbeiter etwas näher. Es folgt daraus, dass man in der Lage sein muss, die Arbeiter je nach Bedürfnis näher an den Tambour heranzurücken und weiter von ihm zu entfernen. Dies wird ermöglicht, indem man die Arbeiter in verstellbaren Lagern laufen lässt. Eine Krempel fester und loser einstellen, heisst die Arbeiter näher an den Tambour bringen oder sie von ihm abrücken. Es ist klar, dass die Einwirkung der gegeneinander arbeitenden Kratzenbeschläge um so kräftiger wird, je näher sie einander stehen. Je näher die Stellung ist, um so mehr werden auch die Haare zerrissen.

Nachdem die Wolle auf dem Tambour am letzten Arbeiter vorbei ist, soll sie vom Tambour abgenommen werden. Dies geht nun nicht ohne weiteres. Infolge des vielfachen Zuges der unaufgelösten und querliegenden Haare zwischen den Zähnen des Tambours und der Arbeiter ist die Wolle etwas in den Beschlag des Tambours hineingedrungen. Sie muss deshalb zunächst an die Oberfläche des Beschlages gebracht werden. Dies besorgt die weiterhin folgende Walze r, der V o l a n t. Er besitzt einen Kratzenbeschlag aus feinem Runddraht und hat lange schrägstehende Zähne, die so gestellt sind, dass ihre Spitzen der Bewegung des Volant folgen. Dabei besitzt der Volant eine grössere Umfangsgeschwindigkeit als der Tambour und seine Zähne greifen in den Beschlag des Tambours hinein. Durch alles dieses wird es ermöglicht, dass der Beschlag des Volant wie eine Bürste wirkt und die Wolle aus der Tiefe des Beschlages des Tambours an die Oberfläche bringt. Wolle, die an den Zähnen des Volant hängen bleibt, wird an einem unterhalb angebrachten Messer s abgestreift und von einer weiterhin folgenden kleinen Putzwalze dem Tambour wieder übergeben. Infolge seiner grossen Umfangsgeschwindigkeit kommt es leicht vor, dass der Volant die mitgerissene Wolle wegschleudert. Um dies zu verhüten, wird er mit einer Schutzhülle, der Volanthaube, umgeben.

Hierauf folgt die Walze u, Kämmwalze oder Peigneur genannt. Die von dem Volant gelockerte Wolle wird von dem Tambour an den Kratzenbeschlag des Peigneurs abgegeben und auf seiner Oberfläche ausgebreitet. Auf der anderen Seite des Peigneurs ist der Hacker v angebracht. Er besteht aus einem schmalen Stahlkamm, der mit grosser Geschwindigkeit auf und nieder schnellt und die Wolle in Form eines zusammenhängenden feinen Flors von dem Beschlage des Peigneurs abnimmt. Der Flor wird auf die weiterhin folgende Trommel x, die Pelztrommel, geleitet und dort in so vielen Lagen aufgewickelt, dass eine Pelzdecke von bestimmter Stärke entsteht. Um die einzelnen Florlagen fester aneinander und dadurch zur Vereinigung zu bringen, lässt man eine in schlitzförmigen Lagern geführte Beschwerungswalze gegen den Pelz wirken.

Hat die Decke auf der Pelztrommel eine bestimmte Dicke erreicht, so wird sie von einem Arbeiter in der Längsrichtung der Trommel aufgerissen und abgenommen. Sie geht alsdann auf den Speisetisch der nächstfolgenden Krempel. Häufig wird die Pelztrommel mit einem selbsttätigen Pelzbrecher, d. h. mit einer Vorrichtung ausgestattet, die nach einer bestimmten Anzahl von Umdrehungen die Trommel öffnet und die Pelzdecke auseinanderreisst.

Der von der Reisskrempel erzeugte Flor ist vielfach ungleichmässig. Die Ungleichmässigkeiten gehen in die Pelzdecke über, gleichen sich dort aber naturgemäss um so mehr aus, je länger die Decke ist. Man wendet deshalb vielfach statt der Pelztrommeln endlose Pelztuche an, welche Decken von sehr grosser Länge herzustellen gestatten. In Fig. 43 ist ein solches Pelztuch dargestellt. R ist die Beschwerungswalze, die den Flor gegen das Tuch andrückt. Bei V wird die Pelzdecke abgenommen und aufgerollt.

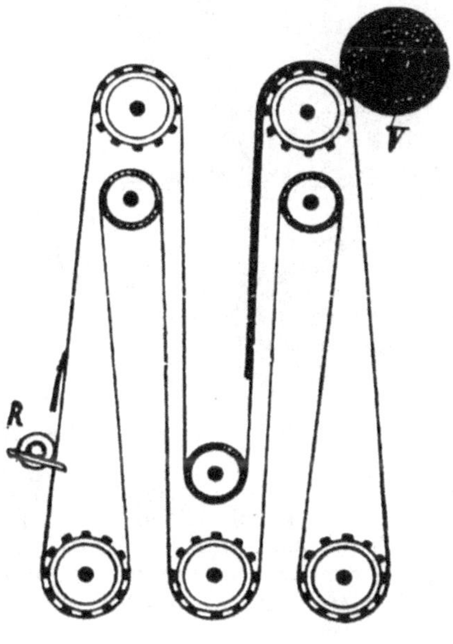

Fig. 43. Pelztuch.

Entweder zwischen der ersten und zweiten Krempel, und zwar hier gewöhnlich, oder zwischen der zweiten und dritten Krempel findet die Deckenkreuzung statt. Die von der vorhergehenden Krempel abgelieferte Pelzdecke wird hierbei der nächsten Krempel nicht in der Richtung, wie sie erzeugt wurde, sondern quer zu dieser vorgelegt. Die neue Maschine muss also die sämtlichen Haare um 90 ° drehen. Der Zweck des Deckenkreuzens ist, den Faserstoff vollständig aufzulockern und einen weichen Faden zu erzielen, in dem die einzelnen Haare einen verhältnismässig grossen Spielraum haben. Gewebe aus solchen Garnen walken viel besser, als wenn das Garn hart und fest ist. Kreuzt man zwischen der ersten und zweiten Krempel, so sind noch zwei Maschinen tätig, die Haare nach derselben Richtung gerade und parallel zu legen. Der Faden wird alsdann dichter, als wenn die Kreuzung vor der dritten Krempel vorgenommen wird, somit es dieser Maschine allein überlassen bleibt, die Haare in die neue Richtung zu bringen. Spinnt man ohne Deckenkreuzung, so wird das Garn besonders glatt und dicht, nähert sich in seinem Aussehen dem Kammgarn (Halbkammgarn).

Wo die beiden ersten Krempeln Pelzdecken erzeugen, müssen sie von einem Arbeiter abgenommen und der nächsten Krempel übergeben werden. Neuerdings wird die Uebertragung gewöhnlich zwischen der ersten und zweiten Krempel durch eine besondere Vorrichtung selbsttätig vorgenommen. Eine solche Vorrichtung heisst B a n d v o r r i c h t u n g. Fig. 44 stellt eine Art der Ausführung dar. Der vom Peigneur a abgekämmte Flor wird auf zwei endlose Tische b geleitet, deren Lattentuche sich einander entgegen bewegen, und dadurch zu einem Band verdichtet. Das Band f unterläuft die obere der Führungswalzen c kommt zwischen ihnen zum Vorschein und gelangt auf den schwebenden Tisch d. Von dem schwebenden Tisch gelangt es zu den Führungswalzen e, die hin und her gehen und es in gleichmässigen Lagen auf den in Bewegung befindlichen Speisetisch g der nächstfolgenden Krempel auflegen. Der Tisch d ist links drehbar befestigt, das andere Ende schwingt langsam auf und nieder. Dieses Auf- und Niederbewegen von d ist nötig, weil die Walzen e eine andere Menge Band beanspruchen, je nachdem sie sich

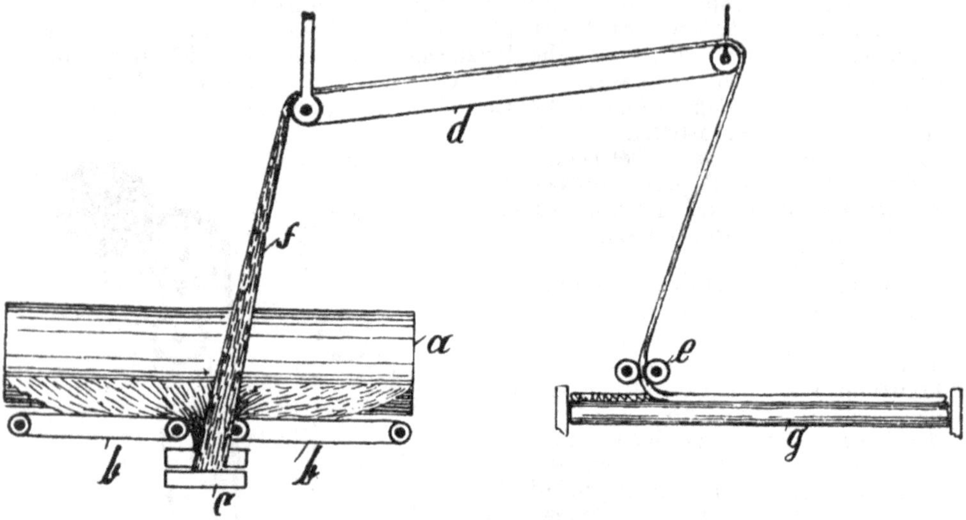

Fig. 44. Bandvorrichtung.

vom Tisch d entfernen oder sich ihm nähern. Beim Nähern geht der Tisch d hoch und bringt damit den Ueberschuss des gelieferten Bandes unter, um diesen beim Entfernen von e durch Senken zu verbrauchen.

Bei der Anwendung der Bandvorrichtung findet offenkundig gleichzeitig eine Florkreuzung statt. Fig. 45 zeigt die Anordnung der Bandstücke f auf

Fig. 45. Gekreuzte Bandauflage.

dem Speisetisch. Zuweilen lässt man bei der Bandvorrichtung den Flor nicht vollständig, sondern nur halb kreuzen. Dadurch entsteht die Schrägauflage Fig. 46. Hier haben die folgenden Maschinen die Haare nicht um einen vollen rechten Winkel, sondern nur etwa um die Hälfte desselben zu drehen. Der Faden wird dadurch glatter und dichter.

Besondere Sorgfalt ist nötig, wenn die letzte Maschine des Assortiments, die Continue, mit Pelzdecken gespeist wird, da der von ihr erzeugte Flor nicht mehr zu einer Decke vereinigt, vielmehr unmittelbar zu Vorgarn verarbeitet wird. Man pflegt hier, um jeder Ungleichmässigkeit im Flor nach Möglichkeit vorzubeugen, zwei Pelzdecken gleichzeitig auf den Speisetisch zu bringen und

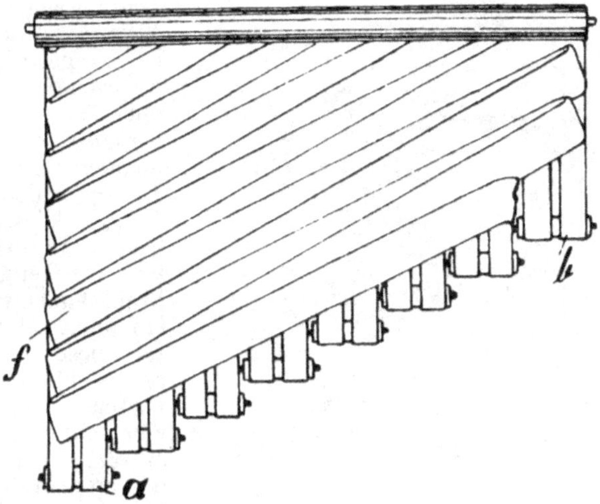

Fig. 46. Schräge Bandauflage.

gemeinsam in die Maschine gehen zu lassen. Fig. 47 zeigt die hierbei beobachtete Einrichtung.

Der von dem Peigneur der Vorspinnkrempel abgekämmte Flor wird weiterhin in Streifen von bestimmter Breite zerschnitten, die zwischen hin und her gehenden Lederflächen zu zylindrischen Faserbündeln zusammengerollt werden. Das erhaltene Erzeugnis heisst Vorgarn. Die Vorrichtung zum Zerschneiden des Flores heisst Florteiler, die zum Zusammenrollen der Florstreifen wird Nitschelvorrichtung, auch Frottierwerk, genannt.

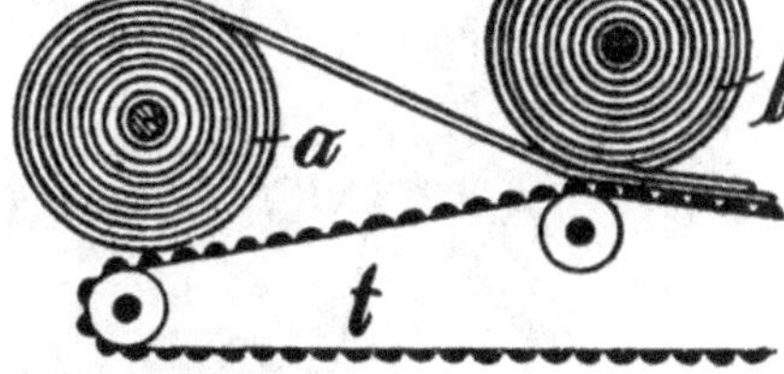

Fig. 47.
Auflage für den Continue-Krempel.

Der Florteiler. Das Zerschneiden des Flors wird entweder durch Stahlbleche oder durch Lederriemen vorgenommen. Hiernach unterscheidet man zwischen Stahlbandflorteiler und Riemchenflorteiler. Letzterer ist die ältere Vorrichtung; es empfiehlt sich jedoch, vorerst den Stahlbandflorteiler wegen seiner grösseren Einfachheit zu besprechen.

Beim Stahlbandflorteiler (Fig. 48) sind an dem Umfang der Walzen d und d_1 Stahlbänder befestigt. Das von der oberen Walze d kommende Band c wird zwischen die Walzen f und f_1 und hinter der Berührungslinie dieser Walzen abwärts geführt. Die Walze e drückt es gegen das um f und g bewegte Führungsleder an. Jedes von der unteren Walze d_1 kommende Stahlband c_1 wird zwischen die Walzen f f_1 und hinter der Berührungslinie derselben aufwärts geführt. Die Walze e_1 drückt das Ende desselben gegen das um f_1 und g_1 bewegte Führungsleder an. Die Walzen f und f_1 werden, weil zwischen ihnen das Zerschneiden des Flores vorgenommen wird, Teilungswalzen genannt. Die Anordnung der Stahlbänder ist so getroffen, dass abwechselnd ein von der oberen Walze d und eine von der unteren Walze d_1 kommendes Band zwischen die Teilungswalzen geführt wird. Infolge dieser Anordnung liegen auf der Berührungslinie der Teilungswalzen die Stahlbänder parallel nebeneinander. Unmittelbar hinter dieser Berührungslinie aber geht von zwei benachbarten Stahlbändern das eine aufwärts, das andere abwärts. Die Folge davon ist, dass an dieser Stelle der Flor in Streifen von der Breite der Stahlbänder zerschnitten oder vielmehr zerrissen wird. Die Florstreifen befinden sich zwischen den um f und g oder um f_1 und g_1 gelegten Führungsledern und den Stahlbändern. Die Führungsleder bewegen sich, die Stahlbänder stehen still. Da aber die Stahlbänder sehr glatt sind, während die Führungsleder verhältnismässig rauh sind und folglich eine grössere Adhäsion zu dem Flor haben, so gleiten die Florstreifen an den glatten Stahlblechen ohne Schädigung vorbei. Infolge der Adhäsion an dem Führungsleder bleibt der Florstreifen auch an ihm haften, nachdem er von dem Stahlband nicht mehr angedrückt wird, und zwar so lange, bis er von der Nitschelvorrichtung h i aufgenommen wird. Die in dieser erzeugten Vorgarnfäden werden weiterhin zwischen Führungsstiften k zu Vorgarnwalzen m geführt und

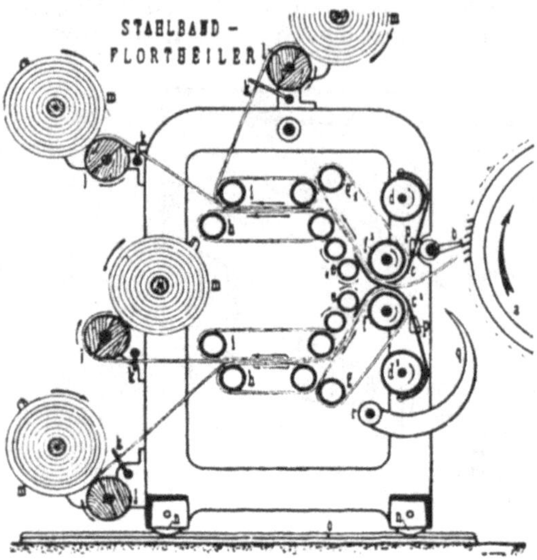

Fig. 48.

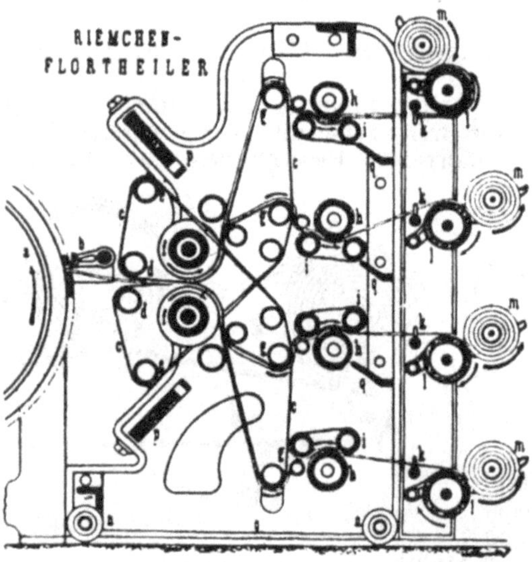

Fig. 49.

aufgewickelt. Die Walzen l bewirken durch Reibung die Umdrehung der Vorgarnwalzen m.

Es wurde vorhin gesagt, dass die Stahlbänder stille stehen. Richtig ist dies nur insofern, als die Stahlbänder an der Bewegung der Führungsleder nicht teilnehmen. Tatsächlich machen die Walzen d und d_1 eine hin und hergehende Bewegung, der die an ihnen befestigten Stahlbänder folgen müssen. Es geschieht dies, um die Stahlbänder vor ihrem Eintritt zwischen die Teilungswalzen ständig zu putzen und dadurch das Ansetzen von Staub, Schmutz und Rost zu verhüten. Die Putzvorrichtungen sind in p angebracht. Der Flor wird vom Peigneur a durch den Hacker b abgekämmt. Das untere drehbare Blech q ist bestimmt, um bei Beginn der Arbeit den Flor zwischen die Teilungswalzen zu bringen. n n sind Rollen zum Fortbewegen der Maschine.

Beim Riemchenflorteiler (Fig. 49) wird das Zerschneiden des Flores in derselben Weise durch schmale Lederriemen vorgenommen, wie beim Stahlbandflorteiler durch Stahlbleche. Allein es ist nicht möglich, die Lederriemchen in derselben Weise zu verwenden wie die Stahlbleche. Der zwischen einem Lederriemchen und dem Führungsleder befindliche Florstreifen kann nur dann unbeschädigt fortgeführt werden, wenn der Lederriemen mit derselben Geschwindigkeit sich vorwärts bewegt, wie das Führungsleder. Dies macht es nötig, die Teilungsriemchen in Form von endlosen Riemen zu verwenden und sie stets zu den Teilungswalzen zurückzuführen. Dazu sind natürlich wieder besondere Führungswalzen erforderlich. Die bildliche Darstellung in Fig. 49 aber wird nach dieser Erläuterung leicht verständlich. f f sind die Teilungswalzen. Die endlosen Teilungsriemchen c werden über Führungswalzen e, d, g zwischen denselben durchgeführt und jedes von oben kommende Riemchen geht hinter der Berührungslinie der Teilungswalzen abwärts, jedes von unten kommende aufwärts. Unmittelbar hinter den Führungswalzen g wird der Flor mit Hilfe einer kleinen Abnahmewalze den Nitschelwerken h i zugeführt. Von ihnen gelangt das Vorgarn wieder zwischen Führungsstiften k zu den Vorgarnwalzen m, die von den Walzen l durch Reibung gedreht werden. p sind Stellschrauben, um die Walzen e verstellbar befestigen zu können. Die Lederriemchen werden mit der Zeit etwas gedehnt und müssen durch Verstellen einer Führungswalze e wieder angespannt werden. Die Walzen e heissen deshalb auch Spannwalzen.

Jedes Riemchen, das hinter der Führungswalze g seinen Flor abgegeben hat, begegnet auf seinem Rückwege zu den Teilungswalzen einem benachbarten noch mit Flor beladenen Riemchen. Hier liegt Gefahr vor, dass das leere Riemchen den Flor auf dem benachbarten schädigt oder ihn gar herunterreisst. Um dies zu verhüten, wird das leere Riemchen auf dem Rückwege von g geschränkt, d. h. um 90° gedreht. Die Schränkung wird durch Rillen bewirkt, die in die Teilungswalzen eingeschnitten sind und die das leer zurückgehende Riemchen durchlaufen muss.

Der Stahlbandflorteiler ist unzweifelhaft die vollkommnere Maschine. Die Bauart ist einfacher, die Stahlbänder sind unverschleissbar, dabei billig, ändern auch ihre Breite niemals. Der Riemchenflorteiler ist in seiner Einrichtung erheblich umständlicher, die Lederriemchen sind teuer, dabei einem starken Verschleiss unterworfen. Dazu kommt, dass dieselben sich dehnen und dadurch an Breite einbüssen. Leider lässt sich der Stahlbandflorteiler nur beim Verspinnen von kurzen Haaren verwenden. Die Stahlbänder können nicht, wie die Teilungsriemchen, fest gegen die Teilungswalzen angepresst werden. Ein aus langer Wolle bestehender Flor wird deshalb von den Stahlbändern nicht scharf abgeschnitten, vielmehr liegt stets Gefahr vor, dass Fasern an den Teilungsstellen von einem Florstreifen auf den benachbarten herübergezogen werden.

Die Nitschelvorrichtung hat, wie erwähnt, die Aufgabe, die vom Florteiler abgelieferten Streifchen zu zylindrischen Faserbündeln zusammenzurollen. Das Zusammenrollen erfolgt entweder zwischen Nitschelhosen (Fig. 50) oder zwischen Nitschelwalzen (Fig. 51). Die Nitschelhosen sind endlose Lederstücke H, welche über Führungswalzen R laufen. Je zwei solcher Nitschelhosen wirken gegeneinander. In der Lage der Zeichnung gesehen, bewegen sie sich von oben nach unten infolge ihrer Führung um die Walze R. Ferner machen sie noch eine hin und hergehende, also von rechts nach links und umgekehrt erfolgende Bewegung und zwar so, dass die Bewegungen zweier gegeneinander arbeitenden Hosen entgegengesetzt gerichtet sind. Die hin und hergehende Bewegung wird bei jeder Nitschelhose durch einen Exzenter E bewirkt.

Bei den Nitschelwalzen (Fig. 51) geht der Florstreifen f zwischen den Walzen a, b und c durch. Die Walzen haben ausser ihrer drehenden noch eine hin und hergehende Bewegung, letztere senkrecht zur Ebene der Zeichnung, und

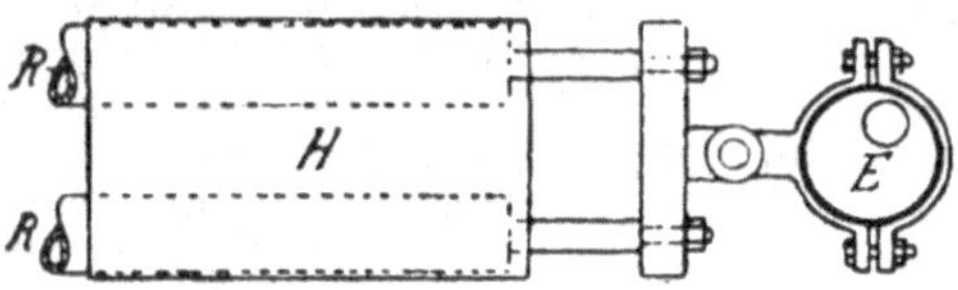

Fig. 50.

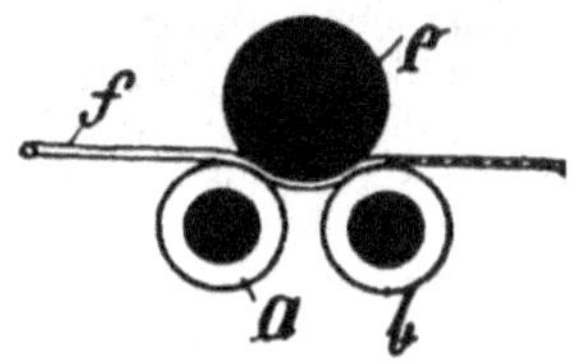

Fig. 51.

Nitschelvorrichtungen.

die Bewegungsrichtung ist bei a und b einerseits, c andererseits entgegengesetzt gerichtet.

Die Nitschelhosen arbeiten vollkommener als die Nitschelwalzen; deshalb sind die ersteren auch stärker verbreitet.

Die Kratzen. Die eigentlich arbeitenden Teile sind bei allen Krempelmaschinen die Kratzen, d. h. die Gesamtheit der feineren oder gröberen Metallhaken, die gegeneinander arbeiten und das Auflösen, Geraderichten und Parallellegen der Fasern besorgen. Es erscheint deshalb zweckmässig, den Kratzen eine besondere kurze Besprechung zu widmen.

Kratzenbänder nennt man in der Spinnerei Bänder aus Leder oder aus einem künstlich bereiteten Stoff, durch welche Zähne aus Stahldraht in bestimmter Ordnung durchgesteckt sind, so dass die Spitzen auf der anderen Seite des Bandes herausragen. Die Gesamtheit der Zähne nennt man den Beschlag der Kratze. Ein Stück Kratzenband mit den durchgeführten Zähnen gleicht äusserlich einer Drahtbürste, jedoch ist die Aufgabe der Kratzen, denen die Bearbeitung der Wolle obliegt, von der einer Bürste grundverschieden.

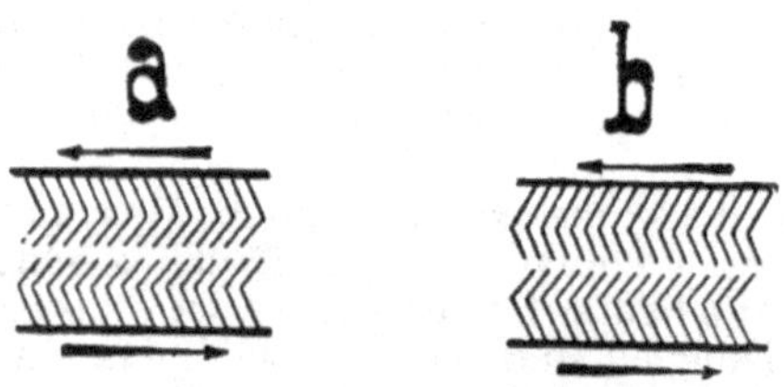

Fig. 52. Kratzenbeschläge.

Die Aufgabe der Arbeitskratzen macht es zunächst nötig, dem einzelnen Zahn eine besondere Form zu geben. Der Zahn muss in einer gewissen Entfernung von der ihn haltenden Unterlage ein Knie erhalten, d. h. in einem stumpfen Winkel umgebogen werden. Ohne diese knieförmige Umbiegung ist eine Bearbeitung des Spinnstoffs unmöglich. Die ganze Zahnlänge beträgt 12 mm. Bei Wollkratzen liegt das Knie 7 mm, bei Baumwollkratzen 5 mm über der Unterlage, senkrechte Zahnstellung vorausgesetzt. In Fig. 52 sind zwei Kratzenbeschläge in den in Betracht kommenden Zahnstellungen aufgezeichnet. Wird bei der Zahnstellung a Spinnstoff zwischen die Beschläge gebracht, so wird er auseinander gezogen, geöffnet, also in der beim Krempeln beabsichtigten Weise bearbeitet. Diese Bearbeitung tritt auch ein, wenn die obere Kratze sich nicht in entgegengesetzter Richtung bewegt, wie die untere, sondern etwa stillsteht, oder auch, wenn sie dieselbe Bewegungsrichtung, aber geringere Geschwindigkeit besitzt als die untere. Das letztere ist beim Gegeneinanderarbeiten der Kratzenbeschläge der Arbeiter und des Tambours an den Krempeln der Fall. Bei der Zahnstellung b wird der auf einem Beschlag befindliche Spinnstoff von dem anderen abgestrichen. Auch hier kann die obere Kratze stillstehen oder sich in derselben Richtung, aber mit anderer Geschwindigkeit als die untere bewegen. Damit ist die Wirkungsweise der Arbeitskratzen erklärt. Die Arbeitsfähigkeit hängt noch von verschiedenen Umständen ab.

Die Zähne werden vor ihrer Verwendung geschliffen. Es geschieht dies, indem man die mit Kratzenbeschlag versehene Walze gegen eine andere mit rauher Oberfläche aus hartem Stoff, gewöhnlich aus Schmirgel, versehene Walze laufen lässt. Letztere heisst Schleifwalze. Infolge der knieförmigen Umbiegung stehen die Zahnspitzen des Beschlages nicht senkrecht, sondern schräge zu der Oberfläche der Schleifwalze, die kreisförmige Endfläche des Zahnes wird somit elliptisch abgeschliffen.

Früher bestanden die Kratzenzähne aus Schmiedeeisen, gegenwärtig aus weichem Stahl. Sie sind nur wenig gehärtet. Infolgedessen besitzen sie hinreichende Elastizität, um die beim Arbeiten durch den Zug der festgehaltenen Wolle erfolgende Zurückbiegung ohne Gefahr eines Bruches, aber auch ohne bleibende Verbiegung auszuführen. Von grösster Wichtigkeit ist es, dass der Draht überall gleichmässig gehärtet ist. Zu harte Stellen verursachen ein Brechen der Zähne.

Die Unterlage der Kratze, d. h. das Band, durch das die Zähne geführt sind, war früher ausschliesslich Leder, späterhin und jetzt allgemein wird für Arbeitskratzen eine künstliche Stoffunterlage genommen, die aus dünnen Baumwollgeweben besteht, die in 6—16facher Lage durch Klebstoff übereinander befestigt werden. Solche künstlichen Unterlagen eignen sich besonders für Stahldrahtkratzen, da sie den Zahn nicht so festhalten, wie eine Lederunterlage, ihm vielmehr bei seiner Bewegung einen gewissen Spielraum lassen und ihn dadurch vor dem Bruch schützen. Lederbänder sind dagegen als Unterlagen erforderlich bei den mit starken Zähnen versehenen Reinigungskratzen sowie bei den langen Zähnen des Volantbeschlages. Hier handelt es sich wesentlich darum, den Zahn möglichst festzuhalten.

Der vom Fusse bis zur Spitze freistehende Zahn einer Arbeitskratze würde nicht imstande sein, die Wolle mit hinreichender Kraft zu fassen und festzuhalten. Man unterstützt ihn deshalb in der Weise, dass man ihn bis über das Knie hinaus in eine weiche, nachgiebige Masse aus Wollfilz einhüllt. Dies nennt man das Füttern der Kratzen. Früher geschah das Füttern, indem man zwischen die Zähne der fertigen Kratze möglichst aufgelöste Flockwolle brachte und durch Niederdrücken befestigte. Diese Arbeit lag dem Spinner ob. Heute wird das Füttern allgemein in den Kratzenfabriken bei der Herstellung der Kratzen vorgenommen. Man befestigt zu dem Zwecke auf dem Kratzenband vor dem Durchführen der Zähne eine Schicht aus Wollfilz von der erforderlichen Dicke. Das Füttern der Kratzen hat weiterhin die Wirkung, dass der Krempelausputz (Seite 20) sich nicht zu tief zwischen den Zähnen ansetzt.

Die bisher besprochenen Kratzen werden Arbeitskratzen genannt; sie heissen auch Reisskratzen, da sie bestimmt sind, den Spinnstoff auseinanderzuziehen. Mit solchen Kratzen sind versehen der Tambour, die Arbeiter und der Peigneur. Sie bestehen aus Runddraht, d. h. aus Draht mit kreisförmigem Querschnitt. Die Stärke dieses Drahtes wird nach Nummern angegeben, und zwar unterscheidet man eine englische und eine französische Numerierung. Bei den höchsten Nummern beträgt der Drahtdurchmesser 0,2 mm, bei den untersten 0,9 mm. Auch der Volant hat Kratzen aus Runddraht, ebenso die zu ihm gehörige Putzwalze.

Neben den Kratzen aus Runddraht benutzt man solche aus Sektoraldraht. Sektoraldraht ist Draht, dessen Querschnitt ein gleichschenkeliges Dreieck ist. Die Zähne sind viel stärker als die aus Runddraht. Bekleidet mit Beschlag aus Sektoraldraht sind die Einführwalzen sowie die Wender, bei der Reisskrempel auch die sämtlichen Vorwalzen, die den eingebrachten Rohstoff auflockern sollen, ehe er an den Tambour gelangt.

Bemerkenswert ist die Art der Verteilung der Kratzenzähne in der Unterlage. Man nennt diese den Stich der Kratze. Die Kratzenzähne werden stets als Doppelzähne eingestochen, also zwei Zähne sind jedesmal durch einen gemeinsamen Zahnrücken gehalten. Die Stichart lässt sich deshalb bequem aus den Linien erkennen, welche die Zahnrücken auf der Rückseite des Kratzenbandes bilden. Es sind vier Sticharten bekannt. Sie sind in den Abbildungen Fig. 53—55 dargestellt.

Der Plattstich ist die gewöhnliche Stichart für die Runddrahtkratzen, während die Sektoraldrahtkratzen in den anderen Sticharten ausgeführt wer-

Fig. 53.

Plattstich

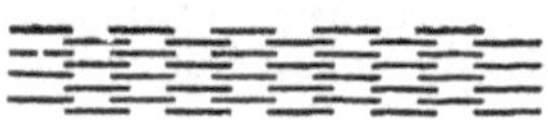

Fig. 54.

Köperstich

Kolonnenstich

zweireihig dreireihig

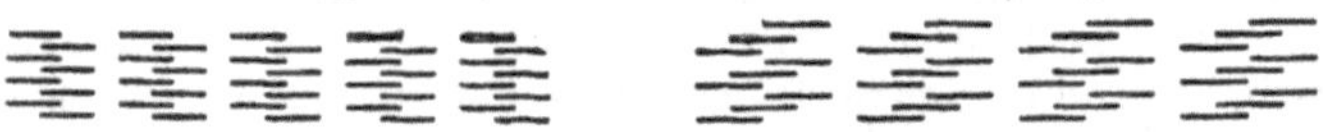

Fig. 55.

den. Beim Plattstich ist nun der Uebelstand vorhanden, dass an jeder Seite des Kratzenbandes die vorletzte Zahnreihe fehlt. Da die Walzen der Krempeln durch Umwickeln mit Kratzenband den erforderlichen Kratzenbeschlag erhalten, so entsteht überall da, wo zwei Bandwindungen aneinanderstossen, eine doppelte Zahnlücke. Dies ist jedoch nur da bedenklich, wo der Spinnstoff durchaus gleichmässig verteilt sein muss, also beispielsweise auf dem Peigneur der Continue. Man pflegt deshalb da eine der anderen Sticharten anzuwenden.

Die Dichtstellung der Kratzenzähne eines Beschlages richtet sich nach der Nummer, also nach der Drahtstärke. Je gröber die Kratze, desto weiter stehen die Zähne voneinander. Es ist dies nötig, weil der gröbere Spinnstoff, der die Verwendung stärkerer Kratzen erfordert, auch einen grössern Spielraum zwischen den einzelnen Zähnen nötig hat.

D a s F e i n s p i n n e n. Das von den Nitschelwerken abgelieferte Vorgarn besteht aus losen zylindrischen Faserbündeln, die, um zu fertigem Garn zu werden, bis auf die gewünschte Feinheit ausgezogen und zu Erlangung der erforderlichen Festigkeit um ihre Axe gedreht werden müssen. Das Ausziehen kann nur unter gleichzeitiger Drehung erfolgen, da sonst das lose Faserbündel sofort an der schwächsten Stelle abreissen würde. Indem man gleichzeitig dreht, wird dies verhütet. Die Drehung wirft sich stets auf die schwächsten Stellen des Fadens, weil sie dort am wenigsten Widerstand erfährt. Die gedrehten Stellen aber erhalten grössere Festigkeit gegen das Zerreissen. Infolgedessen werden beim Ausziehen unter gleichzeitiger Drehung stets die stärkeren Stellen des Fadens und zwar so lange gestreckt, bis sie ihrerseits schwächer als die übrigen Teile geworden sind. Je stärker also beim Feinspinnen des Streichgarnes gestreckt, also je feiner der Faden gesponnen wird, um so mehr werden die Ungleichmässigkeiten, die dem Vorgarn immer noch anhaften, unschädlich gemacht. Der Streichgarnspinner kann also um so gleichmässigeres Garn herstellen, je feiner, d. h. je höhere Nummern er spinnt. Hierin ist es begründet, dass bei der Herstellung wollener Streichgarnstoffe, die stärkeres aber durchaus gleichmässiges Garn erfordern, dieses Garn nicht unmittelbar in der erforderlichen Stärke gesponnen, sondern auf einem Umwege durch Zwirnen feinerer Garne hergestellt wird.

Die in der Streichgarnspinnerei benutzte Feinspinnmaschine ist bis jetzt ausschliesslich die Mulejennymaschine oder der Selfaktor.

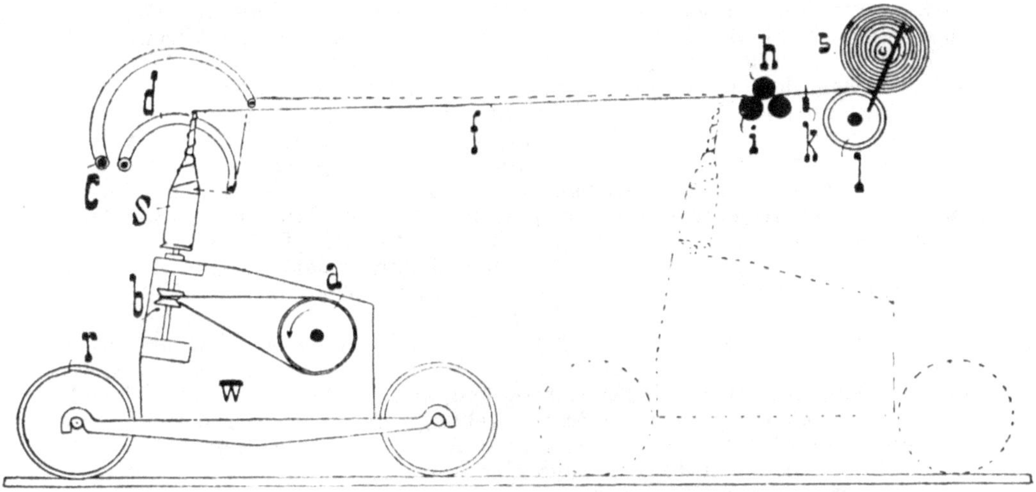

Fig. 56. Mulejennymaschine.

Die Einführung der Ringspinnmaschine scheitert daran, dass der Vorgarnfaden zu schwach ist, um den Läufer auf dem Wulst des Ringes (Fig. 30) mit herumzureissen. Nur bei gutem, langem Rohstoff ist die Ringspinnmaschine möglich. In ihrer für die Wollspinnerei angewandten Form wird sie métier fixe genannt.

Die Mulejennymaschine und der Selfaktor haben dieselbe Bauart und Arbeitsweise; sie unterscheiden sich nur dadurch voneinander, dass bei ersterer alle Einzeleinrichtungen voneinander unabhängig arbeiten, während sie bei letzterem sämtlich miteinander in Eingriff stehen. Mulejennymaschine und Selfaktor stehen deshalb in demselben Verhältnis zueinander, wie der Handwebstuhl und der mechanische Webstuhl. Es erscheint angezeigt, sich den Vorgang des Feinspinnens an der schematischen Darstellung der Mulejennymaschine (Fig. 56) klar zu machen. g ist die Vorgarnwalze. Sie wird in schlitzförmigen Lagern mit ihren Zapfen geführt und ruht auf der Walze l, durch deren Umdrehung sie mitgenommen wird. Der von g sich abwickelnde Vorgarnfaden gelangt zwischen Führungsstiften k zu den Lieferungswalzen i und h. Die unteren Walzen i erhalten Antrieb, die obere Beschwerungswalze h wird durch Reibung mitgenommen. Sie ruht in offenen Lagern, um ihn bei einem Fadenbruch bequem ausheben zu können. Der Faden f geht weiterhin von den Lieferungswalzen zu der Spindel und zu der Spule s. Die Spindel mit der aufsitzenden Spule erhält ihren Antrieb von der Trommel a und mit Hilfe des Wirtels b. Die sämtlichen Spindeln sind mit der gemeinsamen Antriebstrommel a auf einem fahrbaren Gestell, dem Spindelwagen w gelagert. Das Gestell ruht auf Rädern r; sie sind am Umfange gerillt und laufen auf Eisenschienen. Vermöge dieser Einrichtung kann der Wagen mit den Spindeln auf die Lieferungswalzen zu und von ihnen ab bewegt werden. Ersteres nennt man das Einfahren, letzteres das Ausfahren des Wagens. Zu beachten ist der Umstand, dass die Spindel nicht senkrecht, sondern schräg gestellt und mit ihrer Spitze den Lieferungszylindern zugeneigt ist.

Bei Beginn der Arbeit ist der Wagen vollständig eingefahren, so dass die Spindelspitzen nahe an den Lieferungswalzen stehen (in Fig. 56 punktiert gezeichnet). Es setzen sich nunmehr die Walze l und damit auch g, ferner die Lieferungswalzen i und h in Bewegung. Dadurch wird Vorgarn abgegeben. In dem Masse, wie dies geschieht, fährt der Wagen w aus, d. h. entfernt er sich von den Lieferungswalzen. Nach einer gewissen Zeit bleiben die Walzen l, g, h, i stehen, d. h. die weitere Abgabe von Vorgarn wird eingestellt. Es befindet sich somit ein Stück Vorgarnfaden zwischen den Lieferungswalzen und der Spindelspitze ausgespannt. Dieses muss um die Strecke, die der Wagen zu seiner vollen Ausfahrt noch zurückzulegen hat, ausgezogen, gestreckt werden. Um dieses Strecken zu ermöglichen, wird, wie oben erläutert, dem Faden zu gleicher Zeit Drehung gegeben. Es geschieht durch die Drehung der Spindeln. Infolge der schrägen Stellung der Spindeln wickelt sich der Faden nur in einigen Windungen um den oberen Teil der Spindel und schlägt alsdann bei jeder Spindelumdrehung um die Spindelspitze herum. Während der Wagen ausfährt, erhält der Faden nur so viel Drehung, als nötig ist, um das Ausziehen zu ermöglichen; ein zu starkes Drehen würde wiederum das Ausziehen erschweren und schliesslich unmöglich machen. Die Spindeln drehen sich deshalb bei der Wagenausfahrt verhältnismässig langsam. Ist die Wagenausfahrt vollendet, so erhält der Faden die Schlussdrehung. Es drehen sich deshalb jetzt die Spindeln noch eine Zeitlang fort und zwar mit vermehrter Geschwindigkeit. Darnach ist das Fadenstück fertiges Garn. Dieses Fadenstück soll nunmehr auf die Spule s gewickelt werden. Es wurde schon gesagt, dass bei Beginn der Spindeldrehung der Faden sich in einigen Windungen um das obere Spindelende wickelt. Diese Windungen müssen zunächst abgewickelt werden. Es drehen sich deshalb nach beendeter Schlussdrehung des Fadens die Spindeln einige Mal in entgegengesetzter Richtung. Gleichzeitig treten die beiden bogenförmigen Hebel c und d in Tätigkeit. d heisst Winder, c Gegenwinder. Sie sind um ihre Endpunkte links drehbar und halten an ihren freien Enden Drähte, welche sich über die ganze Breite der Maschine erstrecken. Der von d gehaltene Draht liegt oberhalb, der von c gehaltene unterhalb der Fäden f. Beim Abwickeln der Spindelwindungen geht der Bogen d nieder und bringt den Faden auf diejenige Spulenhöhe, die gerade umwickelt werden soll. Der Bogen c geht aufwärts. Dadurch wird dem Faden die zum festen Aufwickeln nötige Spannung gegeben. Nunmehr fährt der Wagen w ein, d. h. er fährt auf die Lieferungswalzen zu, die Spindeln drehen sich in der früheren Richtung und das Garn wird dadurch auf die Spule gewickelt. Nach Beendigung der Wageneinfahrt beginnt das Spiel von neuem. Man sieht leicht ein, dass die Feinheit des erzeugten Garnes von der Grösse der Streckung abhängt, die der Faden während der Wagenausfahrt erfährt, also von der Zeitdauer, während der die Lieferungswerke Vorgarn abgeben. Gewisse Grenzen können dabei nicht überschritten werden, ohne den Faden zu zerreissen. Je kürzer der Spinnstoff ist, um so weniger sind die Haare des das Vorgarn bildenden Faserbündels imstande, sich umeinander zu schlingen. Aus kurzem Rohstoff, Kunstwolle, Kämmlingen usw. lässt sich deshalb kein feines Garn spinnen.

Der Selfaktor ist in Fig. 57 dargestellt. Er enthält als feststehenden Teil den Mittelbock oder Headstock, in dem die Antriebsteile vereinigt sind. Die Spindeln sind, wie bei der Mulejennymaschine, auf einem Spindelwagen gelagert. Man pflegt zur bequemern Uebersicht die Arbeit der Maschine in vier Perioden einzuteilen.

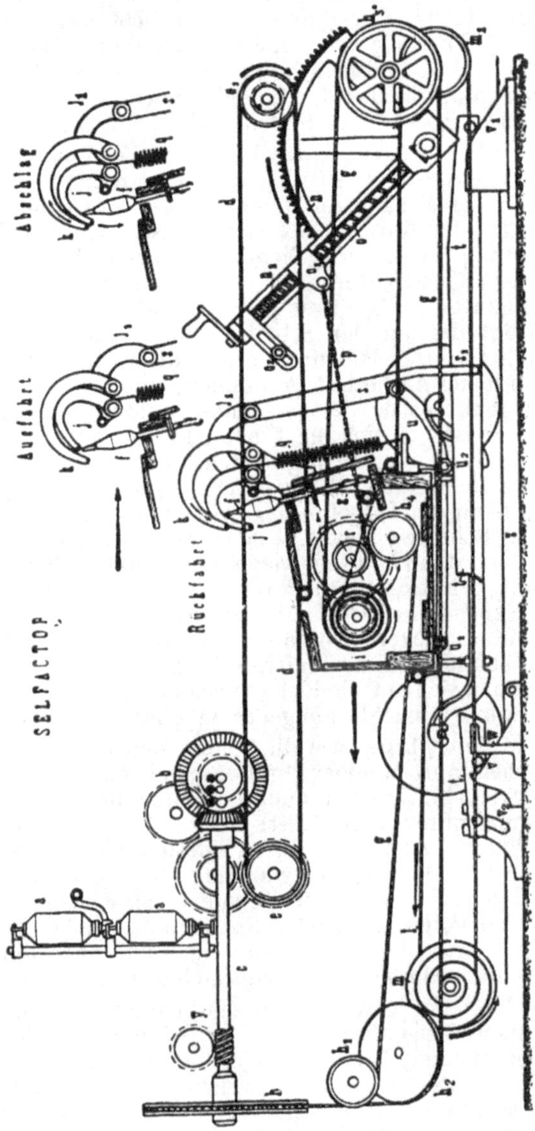

Fig. 57.

1. P e r i o d e. Der Spindelwagen fährt aus. Das Seil d, das über Führungsrollen e und e_1 geleitet ist, zieht den Wagen nach aussen. Das untere Seil l folgt der Wagenbewegung. Die Schnecke m ist ausgerückt. Die Lieferungswalzen b geben Vorgarn ab, bei Baumwolle und Kammgarn während der ganzen Wagenausfahrt, bei Streichgarn, wie vorhin bei der Mulejennymaschine erklärt, nur während eines Teiles derselben. Der Antrieb zur Drehung der Spindeln erfolgt von der Trommel i aus durch das Seil g, welches über Führungsrollen h—h_4 geleitet ist.

2. P e r i o d e. Der Wagen ist im äussersten Punkte seiner Ausfahrt angelangt und steht still; sein Antrieb ist losgekuppelt. Der Faden erhält die Schlussdrehung, indem die Spindel f sich mit grösserer Geschwindigkeit dreht.

3. P e r i o d e. Das Abschlagen, d. h. das Zurückwickeln der Fadenwindungen, die sich beim Drehen der Spindel um die Strecke zwischen Spulenende und Spindelspitze gelegt haben. Der Antrieb der Seilscheibe h wird ein-

geschaltet. Gleichzeitig dreht sich die Scheibe für die Kette x, die bei der Wagenausfahrt und während der Schlussdrehung nicht von der Trommel i beeinflusst werden konnte, durch Reibungskupplung getrieben, rückwärts. Dadurch wickelt sich die Kette x auf und senkt den Fadenführer des Winders j. Mit j ist der Hebel s verbunden. Er hebt sich und setzt sich mit seinem Ansatz auf die Rolle des Hebels u. Ist diese Stellung erreicht, so läuft der Faden richtig auf die Spulenspitze auf. (Vgl. Sonderzeichnung „Abschlag".) Der Gegenwinder k, der durch Feder oder Gewicht belastet ist, hat sich gehoben und das abgewickelte Fadenstück straffgezogen.

4. Periode. Diese ist in der Zeichnung Fig. 57 zugrunde gelegt. Die Schnecke m erhält Antrieb, das Seil l zieht infolgedessen den Wagen zunächst mit grösserer, dann mit abnehmender Geschwindigkeit in die Anfangsstellung zurück. Der Antrieb des Seiles d ist losgekuppelt, das Seil folgt einfach der Bewegung des zurückgehenden Wagens. Das Aufwickeln des Fadens erfolgt von dem Quadranten n aus. Der Quadrant wird bei der Wageneinfahrt durch das Zahnrad an e_1 etwas gedreht und zwar in der angegebenen Pfeilrichtung. Er trägt die auf der Scheibe r befestigte Kette p. Bei der Wagenausfahrt wickelte r durch Reibungsantrieb die Kette p auf seinem Umfange auf. Jetzt ist r mit der Achse fest verkuppelt, und da der Quadrant viel langsamer nach links geht, als der Wagen einfährt, muss sich die Kette p von r abwickeln. Dadurch drehen sich die Trommel i und weiterhin die Spindeln f. Der Winder h muss den Faden richtig führen, so dass er in wenigen Windungen nach unten und in vielen dicht aufeinander folgenden Windungen wieder nach oben geht. Dazu dient der Hebel u, der bei u_1 am Wagen drehbar ist und mit der Rolle u_2 auf der Schiene t gleitet. t ist so geformt, dass der Winder sich zunächst schnell senkt und dann langsam wieder emporsteigt. Kommt der Wagen in die Anfangsstellung zurück, so stösst der Ansatz s_1 des Hebels s gegen das Stelleisen w. Der Hebel s wird frei und die Feder q zieht ihn plötzlich wieder in die Höhe. Der Faden wickelt sich dadurch wieder bis zur Spindelspitze auf. Die Spindel f wird befähigt, diese Aufwickelung vorzunehmen, indem der Zapfen o_2 am Quadrant sich auf die Kette p senkt, sie etwas durchbiegt und straff anspannt. Die Spindel macht infolgedessen einige schnelle Umdrehungen.

In dem Masse, wie die Spulen sich mit Garn füllen, müssen sie bei einer Wageneinfahrt weniger Umdrehungen machen, um das gegebene Fadenstück aufzuwickeln, also sich auch langsamer drehen. Man verstellt deshalb den Befestigungspunkt o_1 der Kette p durch Drehung der Schnecke o entweder mittelst Handkurbel oder auch durch die Maschine selbst mit Hilfe konischer Räder. Bei Beginn der Spulenbewicklung steht o_1 unten nahe dem Drehpunkt von o und bei voller werdender Spule steigt o_1 langsam empor. Der Fadenführer muss bei voller werdender Spule immer höher steigen; deshalb wird die Führungsschiene t bei jedem Hub ein wenig nach links geschoben, dadurch steigt sie an den schrägen Unterlagsflächen v und v_1 nach oben.

Mulejenny und Selfaktor sind trotz ihrer sinnreichen Einrichtung doch sehr unvollkommene Maschinen. Nur bei und nach der Wagenausfahrt wird eigentlich gesponnen; bei der Wageneinfahrt wird nur das fertige Fadenstück aufgewickelt. Sie sind also, verglichen mit anderen Feinspinnmaschinen, wenig leistungsfähig. Dazu kommen das grosse Raumbedürfnis, die verwickelten Einrichtungen, der grosse Kraftbedarf, die hohen Anschaffungs- und Unterhaltungskosten, ferner der ungünstige Umstand, dass bei jedem Spinngang der schwere Spindelwagen zweimal stillstehen und sich in Bewegung setzen muss. Die Maschinen erlauben dagegen, kurzen und wenig widerstandsfähigen Spinnstoff zu verspinnen und weiche Garne herzustellen. Deshalb behält man sie notgedrungen bei. Die Streichgarnspinnerei ist auf sie allein angewiesen.

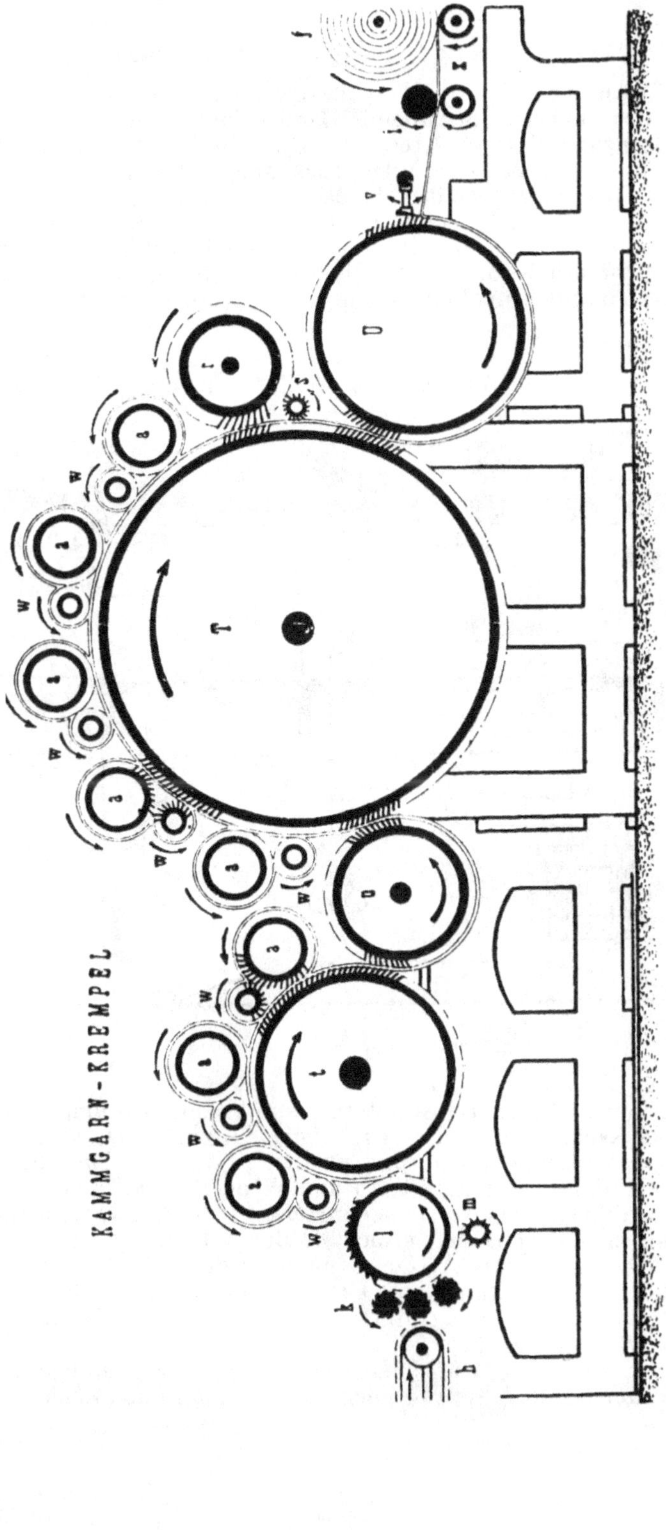

Fig. 58.

b) Die Herstellung der Kammgarne.

Das Krempeln. Ist die Wolle gewaschen, getrocknet und eingefettet, so müssen zunächst fortlaufende Bänder daraus geformt werden. Dies geschieht allgemein auf einer Krempel. Die Einrichtung und Arbeitsweise dieser Maschine ist dieselbe, wie die der gleichnamigen Maschine bei der Streichgarnspinnerei, doch fehlen bei ihr, da der Rohstoff entschieden offener und loser ist, die in Fig. 42 angebrachten Reisswalzen, die zum nochmaligen Oeffnen der Wolle bestimmt sind. Die Krempel, wie sie heute in den Kammgarnspinnereien angewandt wird, ist stets eine Art Doppelmaschine, d. h. sie besitzt neben der Hauptkrempel eine kleinere Vorkrempel (Avant-train).

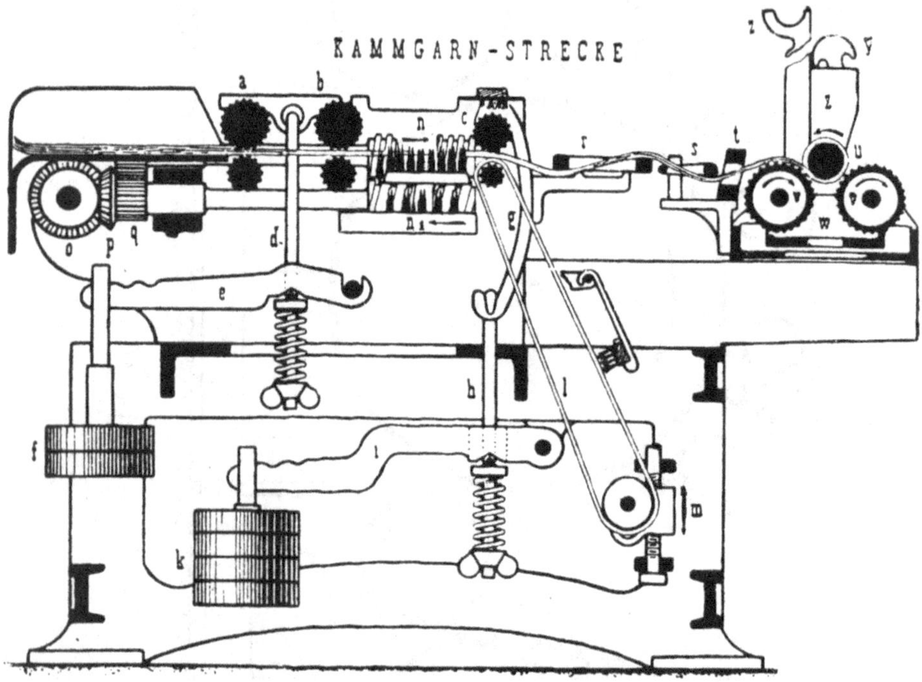

Fig. 59.

Der Tambour t ist mit drei Arbeitern a und Wendern w umgeben und bildet damit eine Krempel für sich. Der Peigneur u nimmt die vorgekrempelte Wolle von dem Vortambour t ab und überliefert sie dem Haupttambour T. Dieser hat, wie üblich, fünf Arbeiter a und Wender w, den Volant r mit der Putzwalze s, den Peigneur U, von dem der Hacker v die Wolle als Flor abnimmt. Der Flor wird zu einem Band verdichtet, durch Führungswalzen i geleitet und auf y aufgewickelt. Die Walze x nimmt y durch Reibungsantrieb mit. Im übrigen bietet die Maschine keine Unterschiede gegenüber der Seite 63 besprochenen Streichgarnkrempel, insbesondere sind auch die Kratzenbeschläge der einzelnen Walzen dieselben.

Das Strecken. Die Hauptverrichtung der Kammgarnspinnerei bildet das Doublieren und Strecken der Bänder. Man unterscheidet das Vorstrecken, Feinstrecken und Fertigstrecken. Dazwischen fällt die Arbeit, von der das ganze Spinnverfahren seinen Namen hat, das Auskämmen der Bänder. Die Streckmaschinen arbeiten in derselben Weise, wie die der Baumwoll-, Flachs- usw. Spinnerei. Fig. 59 enthält die bildliche Darstellung einer Kammgarnstrecke. Die Bänder werden zwischen geriffelten Walzenpaaren a und b eingeführt. Die Oberwalzen werden durch Bügel, Zugstange d, Hebel e und Gewicht f stark belastet. Zwischen den Walzenpaaren b und c erfolgt in bekannter Weise das Strecken, indem das Walzenpaar c schneller läuft als b. Die Belastung der Oberwalze von c erfolgt durch den Bügel g, die Zugstange h, den Hebel i und das Gewicht k. Um die untere Streckwalze von c ist eine Lederhose l geführt, die durch die Stellschraube der Führungswalze bei m angespannt werden kann. Die Lederhose bildet eine elastische Unterlage für die belastete Oberwalze von c und sichert ein Mitnehmen der durchgeführten Bänder. Zwischen den Walzenpaaren b und c ist eine Hechelkette oder eine Kämmvorrichtung n angebracht, der aus Nadelstäben oder aus einer Stachelwalze besteht, im übrigen genau wie die früher besprochenen Hechelkämme arbeitet. r, s, t sind Führungen in Gestalt von Ringen oder Trichtern. Bei u wickelt sich das Band in gekreuzten Lagen auf. Die geriffelten Walzen v dienen als Antrieb und Führung für u. Das Gewicht x belastet die Zapfen von u und ist mit einem Haken y ausgerüstet, der bei z angehakt wird, wenn u entlastet und ausgewechselt werden soll. Zur Ermöglichung der gekreuzten Aufwicklung auf den Wickel u muss die ganze Wickelvorrichtung, die auf dem Wagen w aufgebaut ist, eine hin- und hergehende Bewegung in der Achsenrichtung, also senkrecht zur Ebene der Zeichnung, ausführen.

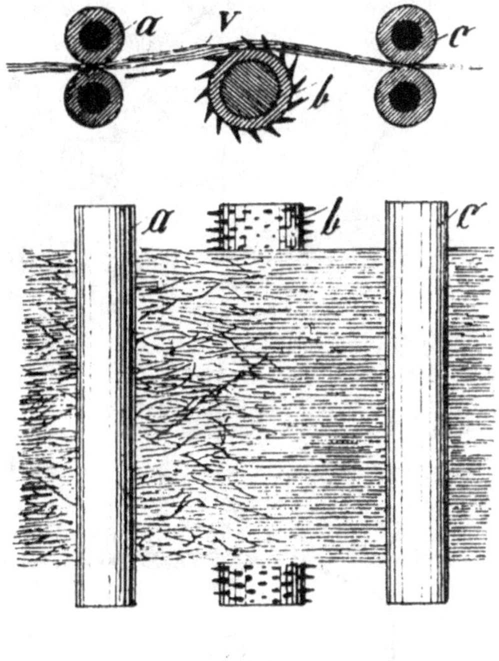

Fig. 60. Streckvorrichtung mit Stachelwalze.

In Fig. 60 sind die Streckwalzen mit den zwischengeführten Bändern und einer Stachelwalze statt der vorhin erwähnten Nadelstäbe dargestellt. Man beachte die gleichmässige Lagerung der Haare nach Durchlaufen der Hechelvorrichtung.

D a s K ä m m e n. Das Kämmen wird nach dem Vorstrecken, d. h. nach der Bearbeitung auf mehreren Streckmaschinen vorgenommen. Die Haare sind durch dieses wiederholte Strecken soweit gerade gerichtet und parallel gelegt, dass das Auskämmen der kürzeren Haare, — dies ist der Zweck des Kämmens —, erfolgen kann. Ein Kämmen der Bänder unmittelbar nach dem Krempeln würde, da die Haare noch vielfach durcheinander liegen, auch längere Haare herauskämmen. Von den verschiedenen Arten von Kämmaschinen ist das in Fig. 61 dargestellte Heilmannsche am meisten in Gebrauch. Von einem neben der Maschine aufgestellten (in der Zeichnung nicht aufgeführten) Spulengestell werden gewöhnlich 16 Bänder durch Oeffnungen in der Wand a auf einem wagerechten Tisch unter einer Druckwalze zu der Speisevorrichtung geführt. Sie besteht aus dem Rost b, der in Schlitten verschiebbar ist, und der Speiseplatte c, die auf der Unterseite mit Nadeln besetzt ist. Die Nadeln greifen beim Niederehen von c zwischen die Schlitze des Rostes b. Die Speisevorrichtung ragt in die Zange d d_1 hinein. Ist die Zange d d_1 geschlossen, so öffnet sich die Speisevorrichtung b c, indem c gehoben wird. Der Rost b geht

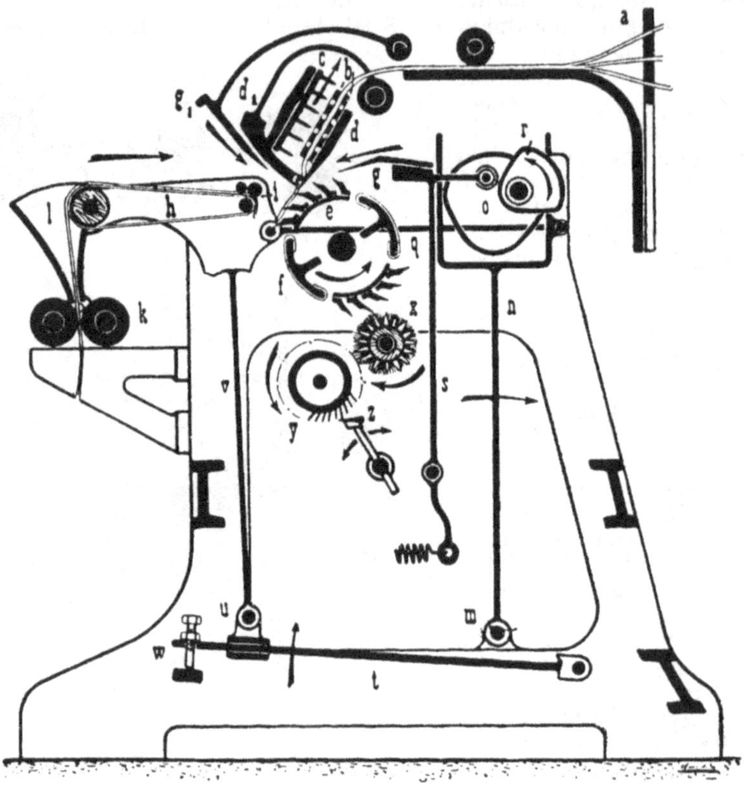

Fig. 61. Heilmannsche Kämmaschine.

mit der gehobenen Platte c in der Pfeilrichtung aufwärts über die zwischenliegenden Bänder. Ermöglicht wird dies, weil die Zange d d_1 die Bänder unten festhält. Nunmehr geht die Platte e nieder, die Nadeln derselben schlagen in die Bänder und halten sie fest, die Zange d d_1 öffnet sich, und es wird eine entsprechende Länge Band als Faserbart durch das Maul von d d_1 vorgeschoben. Nunmehr schliesst sich die Zange d d_1 und hält den Faserbart so lange fest, bis er ausgekämmt ist. Währenddem öffnet sich die Speisevorrichtung b c, geht nach oben und fasst eine neue Menge Haare. In dieser Weise wiederholt sich das Spiel. Die Backen von d und d_1 sind geriffelt, überdies ist d_1 mit Leder überzogen. Es wird dadurch ein Festhalten der Haare während des Kämmens gesichert.

Das Auskämmen der Faserbärte erfolgt durch die Kämmtrommel e und durch die Vorstechkämme g und g_1. Die Trommel l ist mit zwei Sätzen von Nadelstäben besetzt; die zwischenliegenden Teile f des Trommelumfanges sind mit Leder beschlagen. Während die Zange d d_1 geschlossen ist, fährt ein Satz von Nadelstäben durch den aus d d_1 heraushängenden Faserbart und nimmt alle kurzen Haare, soweit sie nicht von d d_1 festgehalten werden, mit. Die zwischen den Zähnen oder den Nadelstäben befindlichen Kämmlinge werden von der Bürstwalze x abgenommen und auf die mit Kratzenbeschlag versehene Walze y gebracht. Von dort kämmt sie der Hacker Z ab. Sie gelangen in Bandform nach aussen.

Ist ein Satz von Nadelstäben der Walze e durch den Faserbart gefahren, so kann das ausgekämmte Bandstück abgezogen werden. Dasselbe ruht nun auf dem mittlerweile herangekommenen Ledersegment f auf, und die von links kommende Abziehvorrichtung klemmt es gegen das Leder fest. Die Abziehvorrichtung besteht aus den Abziehwalzen i, dem Ledertuche h nebst Führungsrolle und dem Trichter l. Die ganze Abziehvorrichtung ruht auf der Stelze v, die um u drehbar und in der Höhenlage verstellbar ist. Die hin und her gehende Bewegung der Abziehvorrichtung wird durch den Exzenter o bewirkt. Der Exzenter ist von einem Rahmen umgeben, der von der Stelze n getragen wird. Die Stelze n ist um m drehbar. Der Rahmen ist durch die Querstange q mit der Abziehvorrichtung verbunden. Somit muss die Abziehvorrichtung der hin und hergehenden Bewegung des Rahmens um den Exzenter o folgen. Während des Abziehens des ausgekämmten Bandes greifen die Kämme g und g_1 in das neu aus der Zange heraustretende Band ein, so dass es von den Zähnen derselben vorgekämmt wird. Die zurückgehaltenen Kämmlinge werden beim nächsten Eingriff der Kämmwalze weggeführt. Beim Vorstechkamm wird also das Band durch den ruhenden Kamm gezogen, bei der Kämmwalze steht das Band still und die Kämme fahren durch dasselbe. Der Exzenter r dient zur Bewegung von g. Die Walzen k führen das aus dem Trichter l kommende Band ab, nehmen aber an der hin und hergehenden Bewegung der Abziehvorrichtung nicht teil. Der Faserbart wird bei i nicht vollständig eingezogen, sondern hängt etwas heraus. Er deckt sich alsdann mit dem Spinnstoff, der beim nächsten Zuge abgezogen wird, und dadurch entsteht ein zusammenhängendes oder fortlaufendes Band. Immerhin sind die von der Kämmaschine abgelieferten Bänder sehr lose und haben wenig Zusammenhang. Sie werden weiterhin auf Streckmaschinen doubliert und ausgezogen und dadurch erhalten sie wieder grössere Festigkeit.

Die Behandlung auf der Plättmaschine (Lisseuse). Auf der Plättmaschine sollen die Kammwollbänder durch Auswaschen von dem vor dem Krempeln zugesetzten Oel befreit werden, ferner soll den einzelnen Haaren die etwa vorhandene natürliche Kräuselung möglichst genommen, das Haar also schlicht gemacht werden. Es liegt auf der Hand, dass die Behandlung auf der Plättmaschine nicht unter allen Umständen notwendig ist. Wo die Wolle von Natur schlicht ist, sind besondere Arbeiten zur Beseitigung der Kräuselung überflüssig. Auch wird vielfach von den Kammgarnspinnern die Wolle vor dem Krempeln nicht mit Oel, sondern mit Seifenwasser getränkt. Das Auswaschen ist nur nötig, wenn der Kammzug gefärbt werden soll. Tatsächlich wird auch viel Kammgarn hergestellt, welches die Behandlung auf der Plättmaschine nicht erfahren hat.

In der Abbildung Fig. 62 ist die Maschine dargestellt. Von den Wickeln a werden 16 Bänder abgenommen, paarweise aufeinandergelegt und nun zwischen Walzen b hindurch in ein Seifenbad c geführt. Die kupfernen Walzen d halten die Bänder in der Waschflotte nieder. Aus dem Seifenbad c, das durch eingelegte Dampfrohre heiss erhalten wird, gelangen die Bänder zwischen die

Quetschwalzen e, von denen die obere mit einem elastischen Ueberzug versehen und stark belastet ist. Die Waschlauge wird dadurch möglichst ausgepresst. Die Bänder gelangen weiter über die Führungsrolle f in den Spülbehälter g und werden hier durch kupferne Walzen h unter der Oberfläche der Flüssigkeit gehalten. Zwischen den Druckwalzen i hindurch gehen die Bänder zu den Quetschwalzen k, die wie die Walzen e die Flüssigkeit möglichst auspressen. Von k endlich gelangen die Bänder über die Führungsrolle l zu dem Plättapparat. Er besteht aus 11 kupfernen Zylindern, die von dem Dampfrohr n aus im Innern mit Dampf auf etwa 150 ° C erhitzt werden. Jede weiter nach rechts liegende Walze dreht sich etwas schneller als die vorhergehende. Die Bänder werden dadurch gestreckt, die Haare ausgespannt und durch den Einfluss der hohen

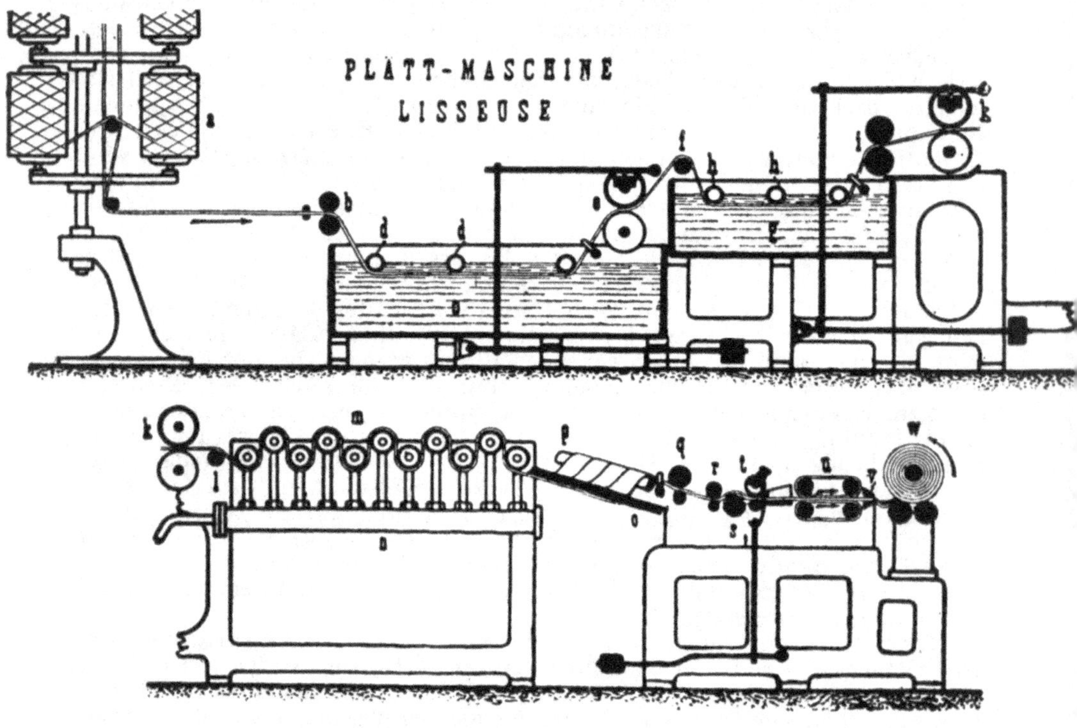

Fig. 62.

Temperatur verlieren sie die Fähigkeit, aus dem ausgestreckten in den früheren gewellten Zustand zurückzugehen. An die Plättvorrichtung schliesst sich der Tisch o. Derselbe besitzt zwei schräge auseinander laufende Schlitze und darüber zwei schräg gelagerte Walzen p. Hier werden die 8 Bänder in je 4 getrennt, dann zu je zweien doubliert und dem weiterhin folgenden Streckwerk zugeführt. Die Walzenpaare q und r ziehen die Bänder hervor, die belasteten Walzen t besorgen das Strecken. s ist eine in die Bänder eingreifende Stachelwalze. u sind Nitschelvorrichtungen, die die Bänder etwas zusammenrollen. Diese gehen alsdann durch den Trichter v zu dem Wickel w, wo sie aufgewunden werden.

Bis zur Behandlung auf der Plättmaschine geht das eigentliche Vorbereitungsverfahren der Kammgarnspinnerei. Man nennt dasselbe auch wohl Wollkämmerei im Gegensatz zu dem weiteren Verfahren, das aus den Bändern fertige Garne herstellt und Kammgarnspinnerei genannt wird. Das Erzeugnis der Wollkämmerei kommt als K a m m z u g in den Handel.

Die weitere Bearbeitung des Kammzuges besteht nun darin, dass man die Bänder auf 5—10 Streckmaschinen doubliert und auszieht, und dieses Doublieren und Strecken so regelt, dass das Band, das die letzte Streckmaschine abliefert, annähernd die Feinheit eines gewöhnlichen Vorgarnfadens besitzt. Sämtliche Streckmaschinen besitzen Nitschelvorrichtungen. Die erste Maschine ist in der Regel mit Hechelkämmen ausgerüstet, die übrigen besitzen Stachelwalzen. Die drei letzten der in Rede stehenden Streckmaschinen werden Finisseurstrecken genannt, weil sie die Streckarbeit vollenden.

Infolge des fortgesetzten Doublierens und Streckens wird der Kammgarnfaden ausserordentlich glatt und regelmässig. Da die zu Kammgarnen benutzte Wolle ohnehin möglichst schlicht sein soll, eine vorhandene Kräuselung aber ihr während des Spinnereiverfahrens durch das fortgesetzte Strecken, sodann durch die Bearbeitung auf der Plättmaschine genommen wird, so ist das Kammgarn stets härter als Streichgarn und nähert sich in dieser Beziehung dem Garn aus pflanzlichen Gespinstfasern. Die Härte der Garne überträgt sich auch auf das Gewebe. Deshalb sind Kammgarnstoffe schon durch das Gefühl von Streichgarnstoffen zu unterscheiden.

Das Feinspinnen des Kammgarns geschieht vorwiegend auf dem Selfaktor, in neuerer Zeit vereinzelt auf der Ringspinnmaschine. Von dem Streichgarnselfaktor unterscheidet sich die gleichnamige Feinspinnmaschine der Kammgarnspinnerei nur dadurch, dass letztere neben den Lieferungswalzen noch Streckwerke enthält. Dagegen wird der Faden zwischen den Ausgabewalzen und den Spindeln nicht mehr ausgezogen, die Lieferungswalzen geben somit während der ganzen Wagenausfahrt Vorgarn ab.

4. Die Herstellung der Seidengarne.

Wie Seite 28 ausgeführt wurde, zerfallen die Seidengarne in solche, die man durch Abhaspeln der Kokons erhält, und in solche, die durch ein besonderes Spinnverfahren aus den Abfällen beim Abhaspeln oder aus fehlerhaften Kokons hergestellt werden. Erstere werden eigentliche Seide (reale oder klassische Seide) genannt, letztere Chappe- oder Florestseide und Bouretteseide.

1. D a s S e i d e n h a s p e l n. Der von der Seidenraupe erzeugte Faden besteht aus dem Fibroin und die einzelnen Windungen des Kokons werden durch einen Klebstoff, das Sericin zusammengehalten. Vor dem Abhaspeln muss das Sericin erweicht werden. Hierzu genügt es, den Kokon einige Zeit in heisses Wasser zu legen. Man nennt dies das Einweichen des Kokons. Das Wasser hat eine Temperatur von 80—90 ° C, muss rein, weich und vor allem eisenfrei sein. Hartes Wasser erzeugt mit dem aufgeweichten Seidenleim unlösliche Kalk- und Magnesiaverbindungen, die sich nachher schwierig entfernen lassen. Eisenverbindungen machen überdies die Seide missfarbig.

Ein Aufenthalt von 15 Minuten in dem heissen Wasser genügt, um den Klebstoff zu erweichen. Es handelt sich jetzt darum, das Ende des Kokonfadens zu finden. Zu dem Zwecke schlägt man die in dem Wasser schwimmenden Kokons so lange mit einer Bürste oder einem Bündel aus dünnem Reisig, bis die Enden sich losgelöst und an das Reisig angehängt haben. Die Kokons mit den freigelegten Enden werden nun in einen zweiten Behälter mit heissem Wasser gebracht, und in diesem wird das Abhaspeln der Kokons und die Bildung des Rohseidenfadens vorgenommen. Durch den Zug des Kokonfadens drehen sich die im Wasser schwimmenden Kokons ohne merklichen Reibungswiderstand, so dass das Abhaspeln, — gute Erweichung des Klebstoffes vorausgesetzt —, sehr leicht vonstatten geht. Schwieriger ist die Bildung des Rohseidenfadens. Der Kokonfaden ist viel zu fein, um praktisch verwertet werden zu können. Man nimmt mehrere, in der Regel fünf Kokonfäden, legt sie parallel nebeneinander und durch den den Kokonfäden anhängenden Klebstoff werden sie zu einem neuen Faden von entsprechend grösserer Stärke vereinigt. Dieser heisst Rohseidenfaden. Die Vereinigung der Kokonfäden zu dem Rohseidenfaden erfolgt nun nicht, oder wenigstens nicht vollkommen, durch einfaches Nebeneinanderlegen der ersteren, es müssen vielmehr, wie bei jeder Vereinigung durch Kleben, die Kokonfäden mit einem gewissen Druck aneinandergepresst werden. Man erreicht dies in einfacher Weise dadurch, dass man den Rohseidenfaden auf einer bestimmten Strecke zurückführt und ihn daselbst

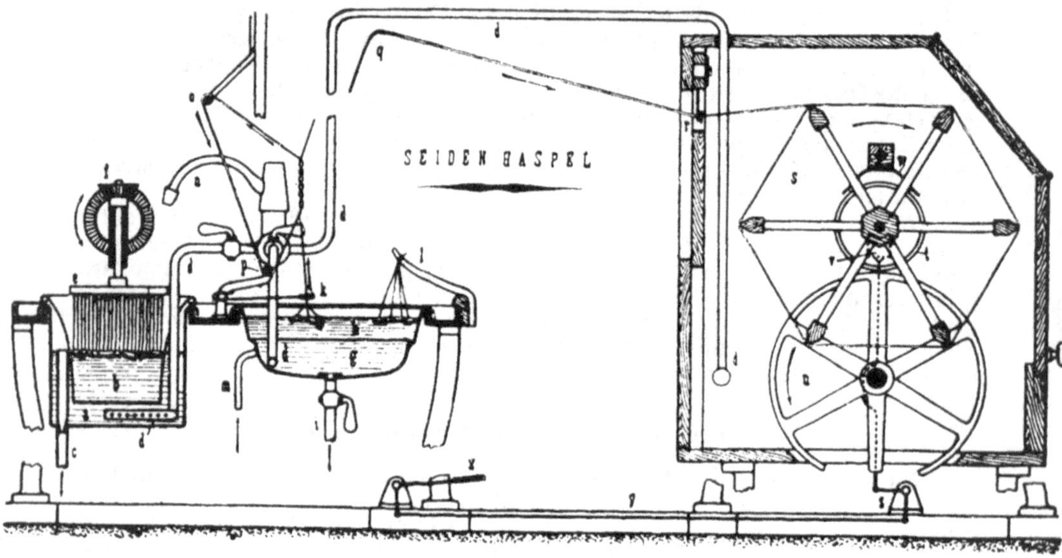

Fig. 63.

mit dem an dieser Stelle befindlichen Fadenstück sich kreuzen oder umschlingen lässt. Die gegenseitigen Umschlingungen erzeugen einen gewissen Druck, durch den die Kokonfäden des Rohseidenfadens gegeneinander gepresst werden.

Der Rohseidenfaden soll ferner möglichst gleichmässig sein. Nun ist aber der Faden des einzelnen Kokons auf seiner ersten Hälfte erheblich stärker, als auf seiner letzten. Es dürfen deshalb die Kokons, deren Fäden zu einem Rohseidenfaden vereinigt werden sollen, nicht alle zur selben Zeit ablaufen. Infolge des Ablaufens des Kokons zu verschiedener Zeit müssen ferner zeitweilig neue Kokonfäden an den Rohseidenfaden angelegt werden. Die Arbeiterin, die das Abhaspeln besorgt, reisst zu dem Zwecke von dem neuen Kokonfaden ein Stück so ab, dass das Fadenende auf dem Zeigefinger der rechten Hand liegen bleibt, und wirft alsdann dieses Ende auf das sich vorwärtsbewegende Faserbündel des Rohseidenfadens. Es gehört dazu eine grosse, nur durch Uebung zu erwerbende Geschicklichkeit. Der Rohseidenfaden wird weiterhin auf einen Haspel gewickelt und getrocknet.

In Fig. 63 ist die unter der Bezeichnung Seidenhaspel bekannte Vorrichtung zur Herstellung der Rohseide durch Abhaspeln des Kokons dargestellt. Die vorher in heissem Wasser eingeweichten Kokons werden in den ebenfalls mit heissem Wasser gefüllten Behälter b gebracht. Die Bürste e dreht sich hin und her, löst die Enden der Kokonfäden ab und nimmt dieselben an ihren Reisern mit. Gleichzeitig bleiben die kurzen Fasern, welche den oberflächlichen Flaum der Kokons bilden, zwischen dem Reisig der Bürste hängen. Sie gehören zum Abfall. Das Dampfrohr d in dem äusseren Behälter a erhitzt das Wasser. b ist siebartig durchlöchert. Durch c fliesst das überschüssige Wasser ab. Die Räder f vermitteln die schwingende Bewegung der Bürste e. Nach einiger Zeit lässt man die Bürste e stillstehen und hebt sie nach oben, wobei die Anfänge der Kokonfäden an ihren Borsten hängen bleiben. Die Kokons mit den losgelösten Fadenanfängen werden in den Behälter g gebracht und letztere an dem Dorn l befestigt. Das Dampfrohr d erhitzt auch das Wasser in g. Das Gefäss g besitzt den siebartig durchlöcherten Zwischenboden h. Unterhalb dieses sammelt sich der Schmutz, welcher zeitweilig bei i abgelassen wird. Durch m strömt frisches Wasser zu. Die Kokons, deren Fäden zu einem Rohseidenfaden vereinigt werden sollen, werden unter den gläsernen Fadenführer k gebracht und ihre Fäden über Glashaspel o, p, q geführt. Auf diesem Wege findet in der aus der Zeichnung ersichtlichen Weise das Kreuzen und umschlingen statt, wodurch die feste Vereinigung der Kokonfäden bewirkt wird. Der Rohseidenfaden gelangt weiterhin über dem Fadenführer r zu dem Haspel s. Der Fadenführer r macht eine hin und hergehende Bewegung und verhütet dadurch, dass die Windungen auf dem Haspel sich parallel nebeneinander legen. Sie würden hierbei, weil der Seidenleim noch weich ist, leicht unlösbar zusammenkleben. Durch das Kreuzen der Fadenwindungen auf dem Haspel werden die Berührungsstellen ausserordentlich vermindert. Auch sind die Querstäbe des Haspels, um möglichst wenig Berührungsfläche mit dem nassen Faden zu schaffen, nach vorne zugeschärft. Der Haspel erhält seinen Antrieb von u aus durch die Rolle t. Bei eintretendem Fadenbruch erfolgt Stillstand des Haspels s durch Abheben von t mittels Tritt x, Stange y, Winkelhebel z und Gabel v. Gleichzeitig bremst die Feder w.

Die Rohseide wird tunlichst schnell getrocknet. Man sorgt dafür, dass sie schon auf dem Haspel auftrocknen kann. Deshalb werden die Haspel s nicht in dem Raum aufgestellt, in welchem die Kokons abgehaspelt werden, da hier die Luft durch die heissen Wasserbäder sehr feucht ist. Man stellt sie vielmehr abseits in besonderen, umschlossenen Räumen auf und macht diese auch wohl durch Einlegen von Dampfrohren zu wirklichen Trockenkammern.

Die auf die vorbeschriebene Art gewonnene Rohseide wird Grège genannt. Für die meisten Zwecke ist sie in diesem Zustande nicht verwendbar. Zunächst ist zu beachten, dass der Rohseidenfaden aus einer Anzahl von Kokonfäden besteht, die parallel nebeneinander gelegt und durch anhängenden Klebstoff, den Seidenleim, vereinigt sind. Wird nun nachträglich der Klebstoff, wie es tatsächlich geschieht, entfernt, so wird der Faden sich wieder in die ursprünglichen Kokonfäden spalten. Ferner ist der Rohseidenfaden für die meisten Verwendungen noch zu fein und zart; man muss ihm deshalb durch mehrfache Zwirnung erst die erforderliche Stärke verleihen. Die Umwandlung der Grège in die zu den verschiedenen Verwendungsarten als Web-, Näh-, Strick-, Stickgarn usw. geeignete Form heisst das Mulinieren. Endlich wird in den meisten Fällen der der Rohseide noch anhängende Seidenleim nachträglich entfernt. Dies wird das Entschälen, auch Entbasten der Rohseide genannt.

Das Mulinieren. Das Mulinieren umfasst folgende Einzelverrichtungen: Spulen und Putzen, Drehen, Doublieren, Zwirnen, Haspeln. Zunächst müssen die von dem Seidenhaspel kommenden Stränge auf Spulen gewickelt werden. Wenn auch durch die stark gekreuzte Aufwicklung der Fäden auf dem Haspel ein Zusammenkleben der nassen Garne nach Möglichkeit verhütet wird, so finden an den Kreuzungsstellen doch häufig Verklebungen statt. Diese Stellen werden mit schwacher, mässig warmer Seifenlösung behandelt, um den erhärteten Seidenleim aufzuweichen. Darnach wird gespult. Das Spulen selbst, mag es durch Handbetrieb oder auf besonderen Spulmaschinen erfolgen, ist eine sehr einfache Arbeit, deren nähere Darlegung überflüssig erscheint. Mit dem Spulen wird gleichzeitig das Putzen der Seide verbunden. Häufig wird indessen ein zweimaliges Putzen und dementsprechend ein zweimaliges Spulen vorgenommen. Beim zweiten Spulen wird alsdann die Rohseide von einer Spule auf eine andere gewickelt. Bezweckt wird natürlich dabei, den Faden zweimal den Fadenreiniger durchlaufen zu lassen. Dieser besteht aus einem engen Schlitz, der nur den glatten Faden durchgehen lässt, anhängende Unreinigkeiten, Flaum, sowie Knoten und sonstige Verdickungen aber zurückhält. Die Schlitzfläche, an welcher der Faden beim Vorbeistreichen sich putzt, besteht aus Filz, Achat oder Stahl. Stählerne Fadenputzer kommen in neuerer Zeit allgemein in Aufnahme. Die Schlitzflächen sind verstellbar, so dass die Schlitzbreite der Fadendicke angepasst werden kann. Die gespulte und geputzte Rohseide wird alsdann gedreht. Die Drehung des Fadens um seine Achse soll verhüten, dass sich später nach dem Entschälen die Kokonfäden voneinander trennen. Diese Arbeit wird das Filieren, auch wohl erster Apprêt genannt. Die Zahl der Drehungen ist schwankend und richtet sich nach der Verwendung, für die die Seide bestimmt ist. Das Drehen selbst erfolgt auf gewöhnlichen Zwirnmaschinen. Nach dem Drehen setzt man die Seide vielfach der Einwirkung von Wasserdampf und von warmem Wasser aus. Es wird dadurch der Seidenleim aufgeweicht, so dass die Drehung sich besser auf die in dem Rohseidenfaden vereinigten Kokonfäden werfen kann. Der Faden erscheint deshalb darnach auch weicher und geschmeidiger.

Fig. 64. Zwirnvorrichtung für Rohseide.

Hierauf folgt das Doublieren. Man windet zwei und mehr Rohseidenfäden von ebensoviel Spulen ab und wickelt sie gemeinsam und parallel nebeneinander auf eine neue Spule. Hierbei ist nur darauf zu achten, dass sämtliche Fäden mit derselben Spannung ablaufen und neu aufgespult werden, sowie darauf, dass beim Bruch eines Fadens die Maschine sofort abgestellt wird. Die gleichmässige Spannung wird durch gleiche Belastung der einzelnen Fäden mit Hilfe von Gewichten bewirkt. Zum Abstellen der Maschine bei eintretendem Fadenbruch dienen besondere Fadenwächter. Ueber diese vgl. den Abschnitt über die Zwirne.

Die doublierten Fäden werden sodann gezwirnt. Die Zwirnvorrichtung ist schematisch in Fig. 64 dargestellt. Von der Spule a, die das doublierte Garn enthält, geht der Faden zu der Spule b, die den Zwirn aufnehmen soll. Auf dem Wege dahin durchläuft er die Drahtflügel c. Diese sind an einem Hütchen befestigt, das lose auf dem obern verdünnten Teil der Spindel aufsitzt, sich frei drehen und auf und nieder bewegen kann. Die Drahtflügel werden von der Spule a mitgenommen. Der von a kommende doublierte Faden erhält dadurch Drehung, wird also gezwirnt. Die eigentümliche Form der Spulen a und b ist deshalb gewählt, damit die Durchmesser der gefüllten und der leeren Spulen nicht zu sehr voneinander verschieden sind. Es würde sonst bei gefüllter Spule erheblich rascher gewickelt werden, das Garn folglich erheblich weniger Drehung erhalten. Der Fadenführer d macht eine hin und her gehende Bewegung, um den gezwirnten Faden gleichmässig über die Spule b zu verteilen. f ist ein Kammrad, welches Antrieb erhält und die Spule b dreht. Die Spindel e erhält ihren Antrieb durch den unterhalb befindlichen Wirtel. Bemerkt sei noch, dass die Zwirndrehung stets der ursprünglichen Fadendrehung entgegengesetzt gerichtet wird, was übrigens bei jedem Zwirnen die Regel bildet. Der Zwirn wird dadurch weicher. Das Zwirnen der Rohseide wird auch zweiter Apprêt genannt.

Die gewonnene Seide heisst Kettseide oder Organzin. Für Schusseide oder Trame fällt das Filieren fort und es erfolgt das Zwirnen der doublierten Fäden mit sehr geringer Drehung.

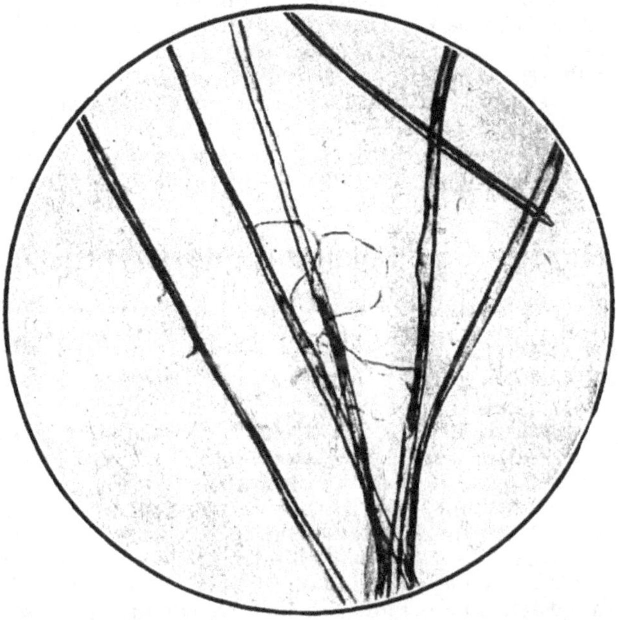

Fig. 65. Entschälte Seide. Mikrophotogr. Aufnahme nach der Natur.

Die gezwirnte Seide wird endlich noch durch Haspeln in Strangform gebracht. Es ist dies schon deshalb nötig, um die weiterhin folgende Arbeit, das Entschälen, mit ihr vornehmen zu können.

D a s   E n t s c h ä l e n. Der Rohseidenfaden, der mit écru bezeichnet wird, ist infolge des ihm anhängenden Ueberzuges aus Klebstoff (Seidenleim) hart, steif und glanzlos und erhält erst die ausserordentliche Weichheit, Geschmeidigkeit und den eigentümlichen Glanz, wenn man ihn von diesem Ueberzuge befreit. Letzteres geschieht durch Behandeln der Rohseide in heisser Seifenlösung. Man löst etwa 25 kg reine weisse Seife in 1500 l weichen Wassers auf; die Lösung erfolgt rasch in kochendem Wasser. Die Flüssigkeit muss durchaus klar und farblos sein. Man bringt und erhält das Bad auf 90 ° C und hängt in dieses die Rohseidenstränge etwa 1/2 Stunde ein. Die Stränge werden alsdann ausgewrungen und in Mengen von 20—30 kg in leinenen Säcken dem eigentlichen Kochen unterworfen. Letzteres dauert bis zu 2 Stunden; das Bad ist eine schwache Seifenlösung, auch wohl reines Wasser. Hierauf wird in warmem Wasser wiederholt gespült. Durch das Kochen erleidet die Seide einen Verlust von 20—25 %. Sie ist jetzt weich, glänzend, rein weiss. Auch in dem Falle, wo sie als Rohseide eine mehr oder weniger gelbe Färbung besass, wird sie durch das Entschälen bedeutend weisser, wenn nicht rein weiss. Vielfach aber werden die Garne, um sie blendend weiss zu machen, noch gebleicht. In Fig. 65 ist das mikrophotographische Bild der entschälten Seide dargestellt. Es zeigt, dass der von der Raupe erzeugte Doppelfaden sich in die Einzelfäden geteilt hat, weil das sie verbindende Sericin entfernt ist. Nicht in allen Fällen wird die Rohseide vollständig entschält, d. h. so weit gereinigt, dass sie aus reinem Fibroin besteht. Häufig begnügt man sich mit der Behandlung in der 25% Seifenlösung bei 90 ° C, unterlässt also das eigentliche Kochen. Der Verlust beträgt hier nur 15—18 %. Solche Seide heisst degummiert oder demi-cuit. In anderen Fällen behandelt man sie mit schwachen, alkalischen Bädern und darauf mit Schwefelsäure und Bittersalz. Diese Arbeit heisst das Assouplieren und das Erzeugnis nennt man souple. Der Verlust beträgt nur 5—8 %. Die Vorschriften für die erwähnten Arbeiten sind sehr verschieden.

Die Gewichtsverluste sucht man dadurch einzuholen, dass man die Seide durch Gerbstoffe und Metallsalze erschwert (chargiert). Leider wird häufig das Erschweren soweit getrieben, dass die Seide erheblich schwerer wie zuvor wird. Solche Seide wird beim Gebrauch leicht brüchig, ist also minderwertig.

Die Florett- und Bouretteseide (Abfallseide).

Die Rohseide, die wir durch Abhaspeln gewonnen haben, beträgt noch nicht die Hälfte des Gewichtes des Rohstoffs. Der grösste Teil ist Abfall. Man unterscheidet diesen Abfall als Kokons und Strusi. Kokons, nennt man diejenigen Puppenhüllen, bei denen ein Abhaspeln nicht möglich ist, sowie die Kokonsrückstände, die sich nicht weiter abwickeln lassen, Strusi alle Abfälle, die sich beim Abhaspeln des Kokons ergeben. Insbesondere gehören zu dem Strusi die groben Fäden, welche die Raupen beim Beginn des Vorspinnens an dem Reisig befestigen, der erste Ausspuck, weiterhin die verschiedenen Flaumfasern der Kokonshülle, die sich beim Schlagen im Heisswasserbehälter ablösen und sich teils an die Bürsten hängen. Ferner zählt man hierher die ersten 1—1½ m langen Teile der Kokonfäden, welche zu grob und unregelmässig sind, um als Rohseide verwandt werden zu können, endlich die Abfälle beim Mulinieren, bestehend aus Fadenstücken, welche unregelmässig oder sonst fehlerhaft sind und vor dem Zwirnen ausgebrochen werden. Die in den Abfall gehenden Kokons sind die durchbissenen Kokons, d. h. solche, die der Schmetterling nach seiner Entwicklung durchbrochen hat, ferner Doppelkokons, d. h. Kokons, die zwei Puppen enthalten. Die Fäden sind in letzteren so verwirrt, dass ein Abhaspeln sehr schwierig, wenn nicht unmöglich ist. Weiterhin gehören zu den Abfallkokons die rostigen und die angefressenen Kokons. Erstere sind durch Ausscheidungen des Insektes missfarbig und verunreinigt, letztere durch Insektenfrass beschädigt. Dazu kommen noch die vorhin genannten Rückstände beim Abhaspeln der zur Rohseidegewinnung brauchbaren Kokons.

Alle diese Abfälle enthalten einen hohen Gehalt wertvoller Seidenfasern; es handelt sich nur darum, die Fasern freizulegen und nach einem Spinnereiverfahren zu einem Faden zu vereinigen. Die hierzu gebräuchlichen Arbeiten sind folgende:

Das Faulen, Waschen und Trocknen. Zur Freilegung der Seidenfasern in den Abfällen ist es zunächst nötig, den Seidenleim zu zerstören. Es geschieht dies durch ein Verfahren, das Faulen genannt wird und mit dem Röstprozess zur Freilegung der Bastfasern, insbesondere der Heisswasserröste des Flachses, grosse Aehnlichkeit hat. Die Abfälle werden in hölzerne oder gemauerte Behälter schichtweise eingelegt. Jede Schicht wird mit Wasser begossen. Der gefüllte Behälter wird mit einem Deckel verschlossen, der Deckel selbst beschwert. Der Behälter hat doppelten Boden, der obere Boden ist siebartig durchlöchert. Zwischen den beiden Böden befinden sich Dampfrohre zum Heizen. Der mit Abfall beschickte Behälter wird mit Wasser von 60—70 ° C gefüllt und die Heizrohre erhalten das Wasser auf dieser Temperatur. Es beginnt in kurzer Zeit ein Faulen, das den Klebstoff zerstört, die Seidenfaser aber zunächst unberührt lässt. Setzt man das Faulen zu lange fort, so wird, genau wie beim Röstverfahren der Bastfasern, die Seidenfaser angegriffen. Es ist deshalb insbesondere gegen Ende des Verfahrens Vorsicht und sorgfältige Ueberwachung nötig; letztere besteht in einer häufigen Probeentnahme, an der der Fortschritt des Faulens beobachtet wird. Auch mässigt man gegen Ende der Arbeit die Wärme des Wassers auf 30—40 ° C.

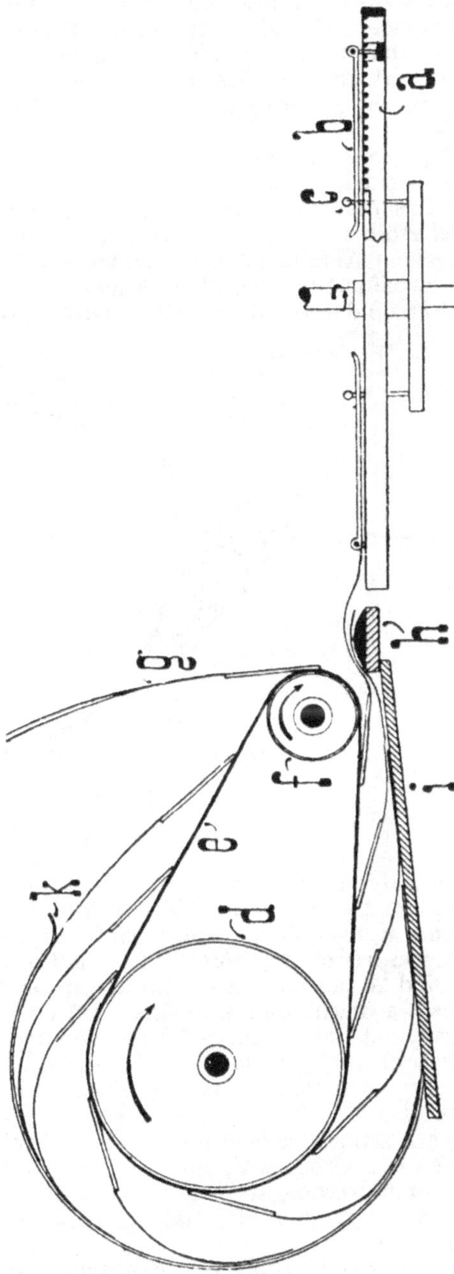

Fig. 66. Schlagmaschine für Florettseide.

Die gefaulten Abfälle werden hierauf gewaschen, und zwar zuerst in heissem, sodann in kaltem Wasser. Früher geschah das Auswaschen allgemein in der Weise, dass man die gefaulten Abfälle in dem Waschgefäss solange mit hölzernen Stangen bearbeitete, bis die Seidenfasern rein zutage lagen. Hierbei floss fortwährend reines Wasser zn und schmutziges ab. Heute geschieht das Auswaschen vielfach, indem mau auf die auf einer Platte ausgebreiteten Abfälle aus einer Höhe von 4—6 m einen Wasserstrahl wirken lässt. Dieser ersetzt die Stampfwerke und beseitigt den Klebstoff rasch und gründlich. Die Platte dreht sich und nach etwa vier Umdrehungen wird der aufliegende Rohstoff gewendet.

Der durch Auswaschen gereinigte Spinnstoff wird auf Zentrifugen ausgeschleudert und an offener Luft oder auch in Trockenräumen bei künstlicher Wärmezufuhr getrocknet. In der Regel liefern 100 kg Seidenabfälle 70—75 kg Fasern.

D a s S c h l a g e n. Das Faulen und Waschen entfernt den Klebstoff aus den Seidenabfällen, vermag aber die Fasern noch nicht aus ihrem natürlichen Zusammenhang zu bringen, also sie vollständig freizulegen. Dies soll die weiterhin folgende Bearbeitung, das Schlagen, bewerkstelligen. Namentlich bei den Abfallkokons ist dasselbe unbedingt erforderlich, jedoch wird es auch vorteilhaft bei den Strusi angewandt. Die gebräuchliche Schlagmaschine ist in Fig. 66 dargestellt. Der Faserstoff wird 4—6 cm hoch auf dem drehbaren

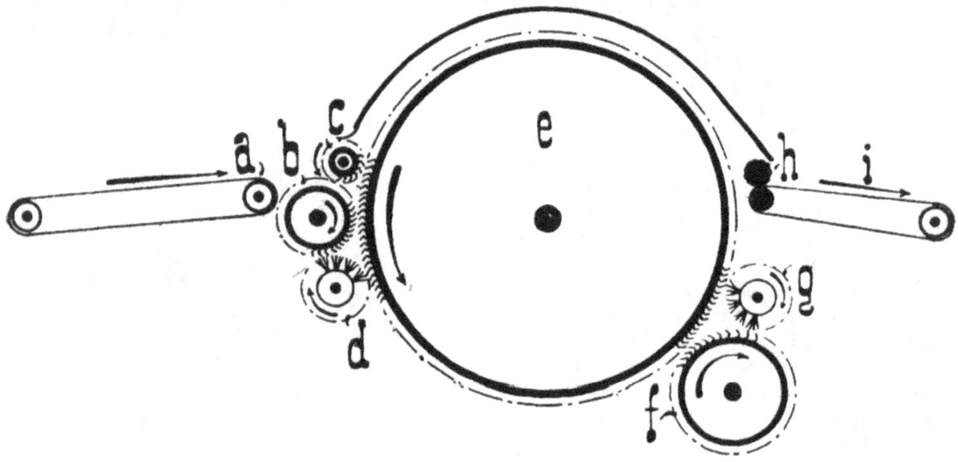

Fig. 67. Wattmaschine für Florettseide.

Tisch a aufgeschichtet und durch Leisten b mit Hilfe von Haken c und anhängendem Gewicht festgehalten. Der Tisch ist siebartig durchlöchert. Um die Führungstrommeln d und f läuft ein Riemen e, an dem auf der Aussenseite Lederpeitschen g mit Hilfe von Blechstreifen befestigt sind. Die Peitschen sind 20 cm lang, 2 cm breit. In der Minute erfolgen 800—900 Schläge. Der Tisch a macht während dieser Zeit eine Umdrehung. Man lässt den Faserstoff zweimal unter den Peitschen durchgehen, wendet ihn dann, um die andere Seite ebenfalls zweimal bearbeiten zu lassen. Das verstellbare Lederkissen h dient dazu, den Peitschenschlag nach Bedarf etwas zu mildern. i und k sind Schutzhüllen.

Die kräftige Bearbeitung durch die Schläger trennt die Fasern vollständig voneinander. Gröbere Verunreinigungen fallen durch die Löcher des Tisches a, die feineren werden als Staub herausgeschlagen. Die Staubentwickelung ist in den Schlagräumen eine ausserordentlich grosse und macht die Arbeit sehr gesundheitsschädlich.

Auf das Schlagen folgt eine Arbeit, die das Einsprengen genannt wird. Man tränkt den gereinigten Faserstoff mit Seifenwasser und lässt ihn 24 Stunden aufgeschichtet liegen, damit die Flüssigkeit die Fasern vollständig und gleichmässig durchtränkt. Nunmehr beginnt das eigentliche Spinnverfahren und zwar erfolgt zunächst die Deckenbereitung. Hierzu dient die in Fig. 67 schematisch dargestellte Maschine, die Deckenmaschine oder Wattmaschine genannt wird. Nach ihrer Bauart und Wirkungsweise ist sie eine Krempel. Der Faserstoff wird auf dem endlosen Speisetisch a etwa 4 cm hoch gleichmässig aufgeschichtet, gelangt an die mit Kratzenbeschlag versehenen Speisewalzen b c und von diesen an den Tambour e. Der Tambour bewegt sich von den Speisewalzen abwärts, was den Vorteil hat, dass gröbere Verunreinigungen, insbesondere Puppenreste, unter die Maschine fallen können. f ist ein Arbeiter. Die Bearbeitung des Faserstoffs findet, wie aus der Betrachtung der Zeichnung, insbesondere der Kratzenstellung der verschiedenen Walzen ersichtlich ist, zwischen dem Tambour e einerseits, den Walzen b und f anderseits statt. d und g sind Bürstwalzen, die die Walzen b bzw. f von zurückgehaltenen Fasern reinigen und letztere auf den Tambour bringen sollen. Der die Maschine bedienende Arbeiter legt eine abgewogene Menge von Faserstoff auf den Speisetisch auf. Ist diese auf den Tambour gebracht, so hebt er den Deckel, welcher den oberen Teil des Tambours einschliesst, hoch,

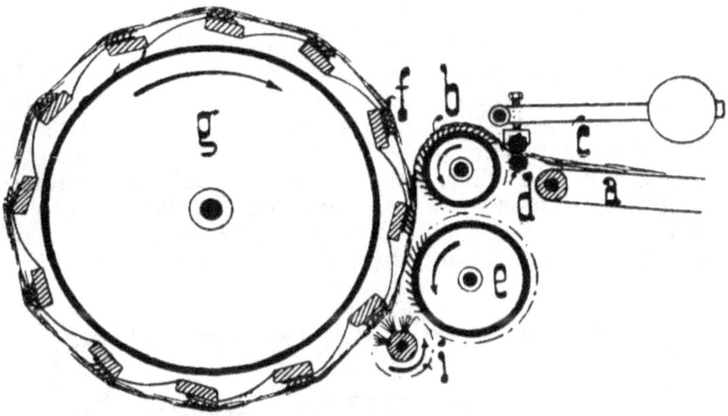

Fig. 68. Filling.

reisst bei h die auf dem Beschlage des Tambours liegende Faserdecke in der Achsenrichtung des Tambours auf, bringt das eine Ende zwischen die Abnahmewalzen h und befördert so bei weiterer Drehung des Tambours die erzeugte Decke mit Hilfe des endlosen Tisches i aus der Maschine. Alsdann wird eine neue Menge Faserstoff auf den Speisetisch a gebracht, die Maschine wieder in Gang gesetzt usw. Der Kratzenbeschlag der Maschine besteht aus Runddraht und ist ähnlich demjenigen der Reiskrempel der Streichgarnspinnerei. Die Kratzenbänder bestehen aus Leder, auch wohl aus Kautschuk. Da die Bearbeitung der Seide viel Staub erzeugt, ist die Maschine allseitig geschlossen und mit einem Ventilator zum Absaugen des Staubes versehen.

Die Vorbereitung zum Kämmen. Die Bearbeitung auf der in Fig. 67 dargestellten Deckenmaschine hat wesentlich den Zweck, den Faserstoff aufzulockern und geradezurichten. Die von der Maschine erzeugte Decke ist aber zur Bearbeitung auf der Kämmaschine noch nicht geeignet. Man übergibt deshalb weiterhin den Faserstoff einer Maschine, die Filling genannt wird. In Fig. 68 ist sie schematisch dargestellt. Die von der Deckenmaschine abgelieferte Decke wird auf den Speisetisch a gebracht und gelangt von ihm an die geriffelten Einführwalzen d, deren obere durch Hebel c mit aufgestecktem Gewicht belastet ist. Von den Speisewalzen d gelangt der Faserstoff auf die Zwischenwalze b und von ihr auf den Tambour g. Letzterer ist auf seinem Umfange mit 12 Kämmen besetzt. e ist eine Arbeitswalze, die den von den Kämmen des Tambours aufgenommenen Rohstoff gleichmässig verteilt. Die Bürstwalze i reinigt den Kratzenbeschlag von e von zurückgehaltenen Fasern und bringt letztere auf den Tambour. Der Speisetisch a wird stets mit einer abgewogenen Menge Rohstoff beschickt. Ist dieser vom Tambour aufgenommen, so wird die Maschine abgestellt. Der Rohstoff hängt jetzt als zusammenhängende Schicht auf dem Umfang des Tambours. Die Arbeiterin, die die Maschine bedient, reisst es dicht oberhalb eines Kammes in der Achsen-

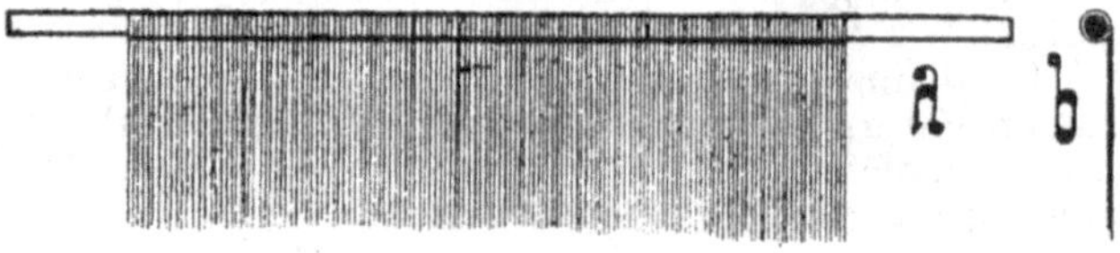

Fig. 69. Faserbart vom Filling.

richtung des Tambours auf, hält an den unteren Saum der herabhängenden Schicht einen mit Seifenwasser benetzten Stock und bewirkt durch Drehen desselben das Aufwickeln des zu einem Kamm gehörigen Faserbartes. In gleicher Weise wird mit sämtlichen 12 Kämmen verfahren. Man erhält so die in Fig. 69 dargestellten Faserbärte, die weiterhin der Kämmaschine übergeben werden.

D a s K ä m m e n. Nach der Bearbeitung auf dem Filling besteht die Seide aus glatten, schlichten Fasern, die hinreichend freigelegt und gleichgerichtet sind. Sie können somit leicht gekämmt werden. Man benutzt heute zwei Arten von Kämmaschinen, die Langkämmaschine und die Rundkämm-

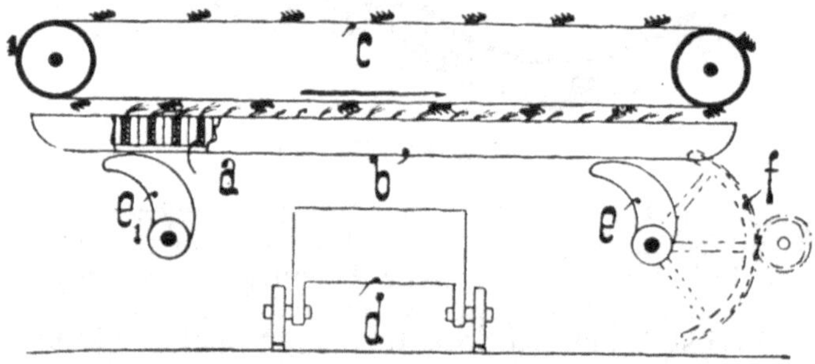

Fig. 70. Langkämmaschine für Florettseide.

maschine. Erstere ist die ältere und weitaus verbreitetste, trotzdem ihre Einrichtung schwerfällig ist, ihre Arbeit viele Pausen und verhältnismässig viele Arbeitskräfte erfordert. Es liegt dies wesentlich daran, dass sie tadellose Ware liefert. Die Rundkämmaschine ist erst später in Aufnahme gekommen und ist in bezug auf Leistungsfähigkeit der älteren Maschine sehr überlegen.

Die Arbeitsweise der Langkämmaschine ist aus der schematischen Darstellung Fig. 70 ersichtlich. Das endlose Tuch c ist um zwei Walzen geführt und trägt in gleichen Abständen Stäbe, die mit Kratzenbeschlag versehen sind. Die Faserbärte werden in Zangen a eingespannt und auf einem Tisch b vereinigt. Der mit Zangen gefüllte Tisch wird von einem Arbeiter auf einem

Wagen d in die Maschine eingefahren und daselbst durch die Hebedaumen e e_1 soweit gehoben, dass die herausstehenden Teile der Faserbärte in den Arbeitsbereich der Kämme auf der Unterseite des Führungstuches c gelangen. Die Kämme laufen daselbst in festen Führungen, weil sie sich sonst nach der Mitte des Tuches hin senken würden. Nachdem sämtliche Kämme durch die Faserbärte gegangen sind, wird der Tisch b wieder auf den Wagen d gesenkt, der Wagen aus der Maschine gezogen, der Tisch wagerecht um 180° gedreht, so dass das vorhin rechtsstehende Ende jetzt links liegt, und die Faserbärte werden umgelegt. Der Wagen mit dem Tisch geht wieder in die Maschine und die Faserbärte werden abermals gekämmt, wobei, wie man leicht einsieht,

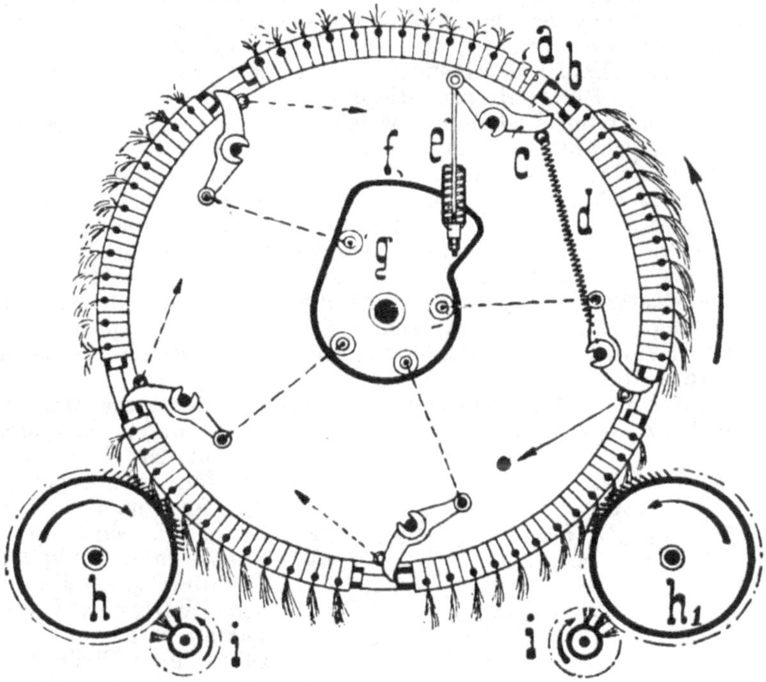

Fig. 71. Rundkämmaschine für Florrettseide.

die vorhin nach unten liegende Seite derselben jetzt oben liegt. Darnach werden die Bärte umgespannt, so dass die vorhin in den Zangen eingeklemmten Teile jetzt die freien Enden bilden, und nun wird in der vorhin angegebenen Weise wiederum gekämmt.

Die beim Kämmen abfallenden Kämmlinge bleiben zunächst an den Kämmen des Führungstuches c hängen. Nach jedem Kämmen nimmt man dieselben genau wie beim Filling (Fig. 68) ab und spannt die von je zwei Kämmen erhaltenen als Faserbart in eine Zange. Die gefüllten Zangen werden wieder auf einem Tisch b vereinigt und die Faserbärte werden wie vorhin ausgekämmt. Mit den dabei abfallenden Kämmlingen verfährt man in derselben Weise. Die ausgekämmten Faserbärte werden Zug genannt. Man stellt bis zu sechs Zügen her, die als 1.—6. Zug unterschieden werden. Sie zeigen natürlich einen immer kürzer werdenden Faserstoff. Beim ersten Zug ist die durchschnittliche Faserlänge 15 cm, beim zweiten 10 cm, beim dritten 7,5 cm usf. Die beim letzten Zug abfallenden Kämmlinge bilden den Rohstoff für die Bourettegarne.

Die Rundkämmaschine ist in der Abbildung Fig. 71 schematisch dargestellt. Die Zangen a mit den Faserbärten sind hier auf dem Umfang einer Trommel und zwar in fünf Abteilungen angeordnet. Die Befestigung der Zangen erfolgt durch Holzklötze b, die zu beiden Seiten einer Zangenabteilung angebracht sind. Der eine Klotz ist fest, der andere wird durch den Arm eines Winkelhebels c gegen die Zangen angedrückt. Die Pressung durch den Winkelhebel vermittelt die in einer Stellschraube befestigte Zugstange e. Beim Oeffnen einer Zangenabteilung zieht die Feder d den Arm des Winkelhebels in dem Masse zurück, wie die Zugstange e ihm Freiheit gibt. Der Tambour dreht sich in der Pfeilrichtung. Gegen ihn arbeiten zwei Kämmwalzen h und h_1, welche mit Kratzenbeschlag versehen sind und in entgegengesetzter Richtung laufen. Durch letzteres wird erreicht, dass jeder Faserbart von beiden Seiten ausgekämmt wird. Die von den Kämmwalzen h und h_1 zurückgehaltenen Kämmlinge werden von Bürstwalzen i entfernt.

Nach dem ersten Auskämmen werden die Faserbärte, wie bei der Langkämmaschine, gekehrt oder umgespannt, so dass das vorhin in den Zangen befindliche Ende jetzt frei heraushängt und ausgekämmt wird.

Man sieht leicht ein, in wie ausserordentlicher Weise die Rundkämmaschine der Langkämmaschine in bezug auf Leistungsfähigkeit überlegen ist.

Bei den neueren Maschinen, die nach dem in Fig. 71 dargestellten Schema arbeiten, geschieht das Schliessen und Oeffnen der Pressen durch die Winkelhebel c selbsttätig, und zwar schliesst sich die Presse, ehe sie an den ersten Peigneur h gelangt, und öffnet sich, wenn sie am zweiten Peigneur h_1 vorbeigegangen ist. Es wird dies dadurch ermöglicht, dass die Enden der Zugstangen e an Exzentern f befestigt sind.

Besondere Beachtung verdient das Abnehmen der ausgekämmten Faserbärte aus den Zangen. Bei langen Bärten, etwa beim 1. und 2. Zug, nimmt man sie mit der Hand heraus, bei den folgenden Zügen geschieht das Abnehmen mit Hilfe der Fahne. Es wird ein an einem Stocke fahnenartig befestigtes Tuch b (Fig. 72) über die sämtlichen Bärte einer Presse gelegt, sodann wird der Stock in der gekrümmten Pfeilrichtung langsam gedreht und gleichzeitig in der Richtung des grossen Pfeiles vorwärts bewegt. Dadurch werden die Fahne und mit ihr die Faserbärte um den Stock gewickelt. Wickelt man nachher das Tuch vorsichtig von dem Stock ab, so bilden die abgenommenen Bärte auf demselben eine gleichmässige Decke oder Watte.

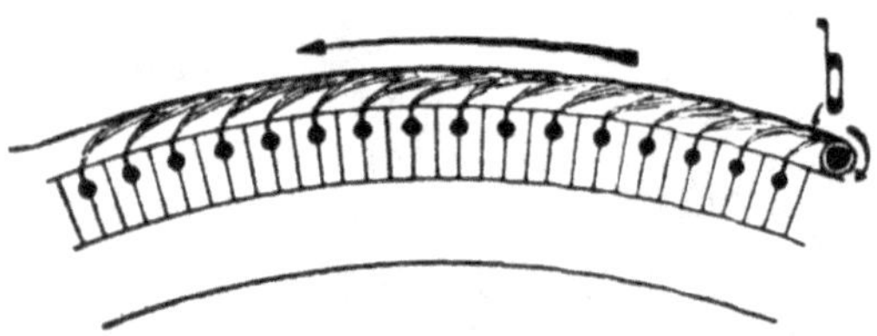

Fig. 72.

Die von der Rundkämmaschine abfallenden Kämmlinge werden neuerdings zu Faserbärten verarbeitet und diese wiederum gekämmt. Man stellt so, wie bei der Langkämmaschine, 4—6 Züge dar. Die Verarbeitung der Kämmlinge zu auskämmbaren Faserbärten geschieht auf einer Maschine, die kleiner Filling, auch kleine Mise en pointes genannt wird. Man benutzt sie in neuerer Zeit auch zur Herstellung der Faserbärte aus dem von der Deckenmaschine abgelieferten Rohstoff an Stelle des in Fig. 68 dargestellten grossen Fillings. Die schematische Darstellung ist in Fig. 73 gegeben. Der Faserstoff gelangt auf einem endlosen Zuführtisch zuerst an die glatten Einführwalzen a und b, sodann an die geriffelten Walzen c. Die obere der beiden geriffelten Walzen c ist durch Hebel und Gewicht belastet, um den durchgeführten Faserstoff festhalten und der weiterhin folgenden Walze d zur Bearbeitung darzubieten. Die Kämme der Walze f greifen in das auf dem Beschlage von d liegende Fasermaterial und formen daraus Bärte. Letztere werden wie bei dem grossen Filling (Fig. 68) abgenommen und auf Stöcke gewickelt. Die Bürstwalze e reinigt den Beschlag von d.

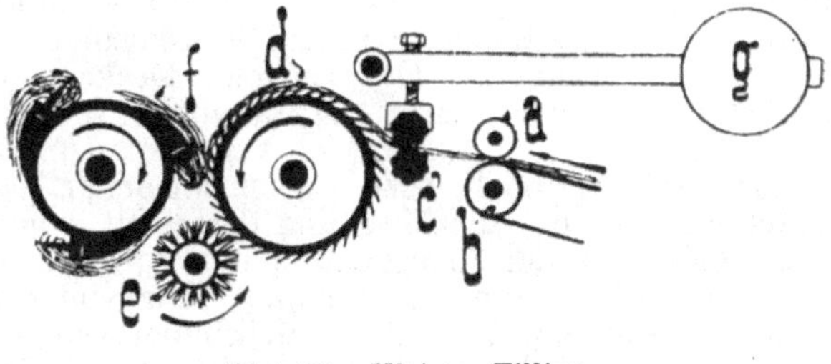

Fig. 73. Kleiner Filling.

Die Anlegemaschine (Fig. 74). Zur weiteren Bearbeitung müssen zunächst aus den von der Kämmaschine abgelieferten Faserbärten zusammenhängende Decken hergestellt werden. Die dazu benutzte Maschine wird passend Anlegemaschine genannt. In der Praxis ist die englische Bezeichnung spreader sowie die französische étaleur nappeur üblich. Der Faserstoff gelangt von dem endlosen Zuführtisch a zwischen die glatten Speisewalzen b und d und von diesen an geriffelte Streckwalzen bei f. Zwischen b und d und den Streck-

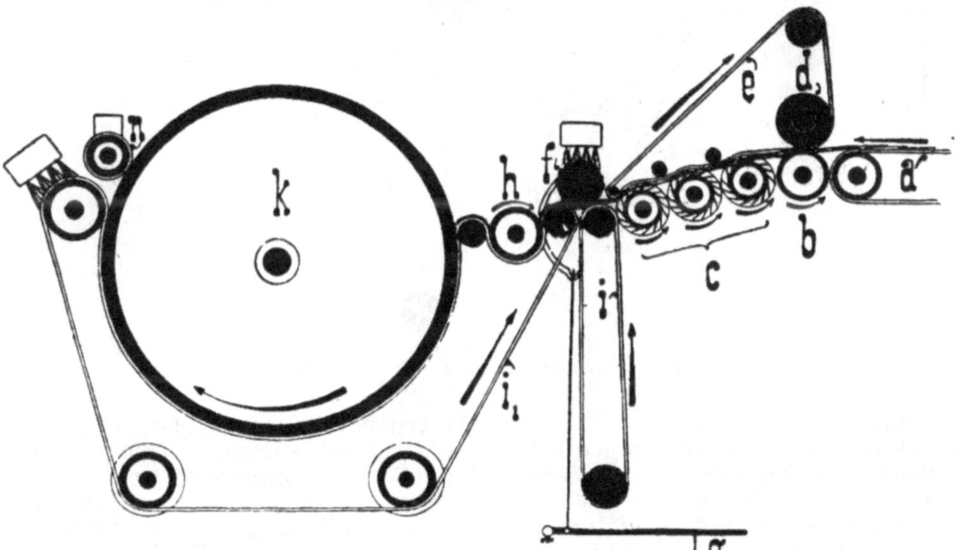

Fig. 74. Anlegemaschine (Spreader) für Florettseide.

walzen befinden sich drei Stachelwalzen c. Das Kautschukband e ist um die obere Speisewalze d und weiterhin um zwei Führungswalzen geleitet. Es soll dem eingebrachten Faserstoff als Führung dienen und ihn gleichzeitig in die Stacheln der Walzen c hineindrücken. Von den drei geriffelten Streckwalzen dient die obere als Druckwalze. Sie ist durch Hebel und Gewicht g belastet. Die eine der unteren Riffelwalzen ist mit einem endlosen Lederband i versehen. Gegen sie drückt die Druckwalze besonders an, und hier findet insbesondere die Streckung des durch die Stachelwalzen gehenden Rohstoffs statt. Das endlose Lederband i_1 ist über verschiedene Führungswalzen geleitet und umgibt den Tambour k auf seiner unteren Hälfte. Mit Hilfe dieses Bandes wird der aus den Streckwalzen austretende und zusammenhängende Faserstoff auf den Tambour k gewickelt. Die Walze n verhindert ein Mitnehmen des Rohstoffs durch das Lederband i_1. Die verschiedenen Bürstwalzen dienen, wie üblich, zur Reinigung. Hat sich eine Decke von bestimmter Dicke auf dem Umfang des Tambours k angesammelt, so wird sie aufgerissen und abgenommen.

Bemerkt sei noch, dass wo verschiedenartiger Rohstoff zusammen verarbeitet werden soll, die Mischung desselben, wie bei der Flachsspinnerei, auf dem Speisetisch der Anlegemaschine vorgenommen wird.

D i e W a t t e n m a s c h i n e. Die von der Anlegemaschine erzeugten Decken werden auf besonderen Maschinen weiter verzogen und in fortlaufende Bänder verwandelt. Die Arbeitsweise dieser Maschinen, die Wattenmaschi-

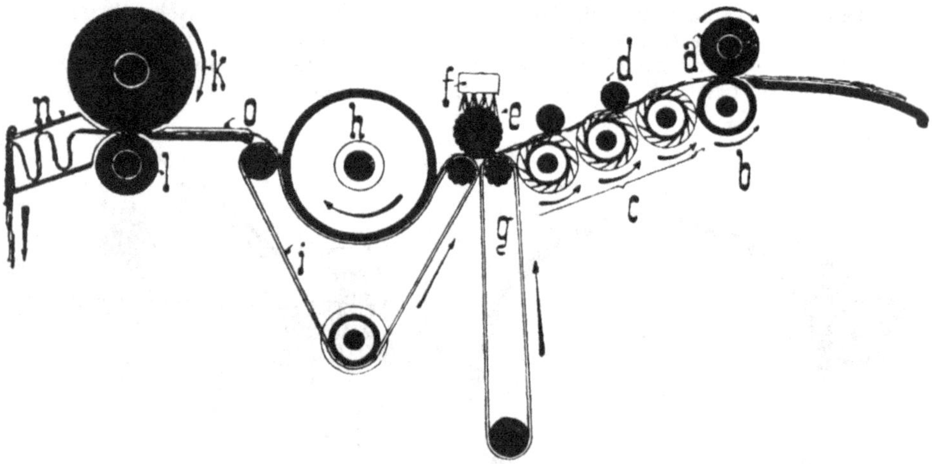

Fig. 75. Wattenmaschine für Florettseide

nen heissen, ist aus Fig. 75 ersichtlich. Im ersten Teil, von den glatten Speisewalzen a und b bis zu den geriffelten Streckwalzen e, stimmt die Maschine in Bauart und Wirkungsweise mit der vorhin erklärten Anlegemaschine ziemlich überein. Der Speisetisch besteht nicht mehr aus einem bewegten endlosen Tuch, sondern ist fest, da die aufgelegten Decken Halt genug besitzen, um durch die Speisewalzen a und b vorgezogen werden zu können. Die Stachelwalzen c arbeiten wie vorhin, die Walzen d drücken den Faserstoff in die Stacheln. Die unteren Streckzylinder sind beide mit Lederband g bzw. i umgeben. Das Band i befördert den Rohstoff als Flor unter der Walze h, die es fest gegen das Band drückt, zu einem Trichter o, in dem es zu einem Band verdichtet wird. Die Walzen k und l ziehen das Band vor und befördern es in die Röhre n, aus welcher es hervortritt, um abwärts in Kannen, ähnlich den in der Baumwollspinnerei gebrauchten, geleitet zu werden.

D a s S t r e c k e n. Die von der Wattenmaschine abgelieferten Bänder werden auf verschiedenen Streckmaschinen, auch Bandmaschinen genannt, ausgezogen. Die Bearbeitung ist im wesentlichen dieselbe wie bei den sonstigen

Streckmaschinen und kann aus Fig. 76 ersehen werden. Der Abbildung ist die letzte Strecke zugrunde gelegt, die am Ausgange einen Nitschelapparat besitzt, der das Faserband zu einem zylindrischen Bündel zusammenrollen soll. Im übrigen ist die Einrichtung einfach. a und b sind glatte Speisewalzen, g, h und e Streckwalzen. g und h sind geriffelt, die Druckwalze e ist glatt. c sind Stachelwalzen, d Druckwalzen, die das Faserband zwischen die Stacheln drücken sollen. i i_1 sind die in bekannter Weise arbeitenden Nitschelwerke. Bei den Band- und Streckmaschinen werden, ähnlich wie bei den Streckmaschinen der Kammgarnspinnerei, statt der Stachelwalzen auch Hechelkämme (Fig. 59) angewandt, namentlich geschieht dies beim Verarbeiten von kürzerem Faserstoff. Die Hechelkämme sind in diesem Falle Doppelkämme, d. h. es greift abwechselnd ein Kamm von oben und von unten i den Faserstoff.

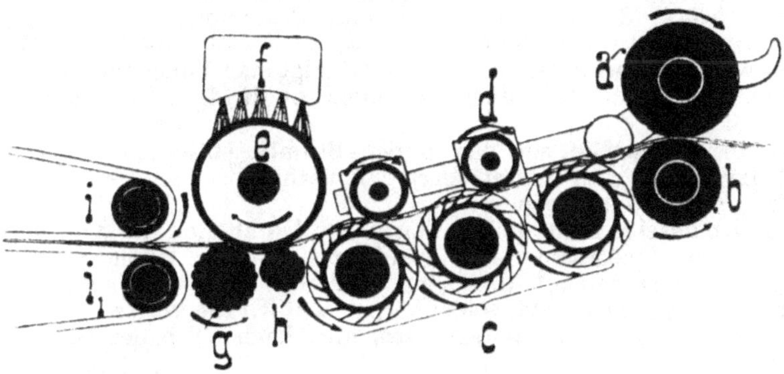

Fig. 76. Streckmaschine für Florettseide.

Bänder aus längeren Fasern werden 2—3 mal, aus kürzeren 4—5 mal gestreckt. Es werden 8—10 Bänder vorgelegt, der Verzug beläuft sich auf 10—12.

Das Vor- und Feinspinnen. Das Vorspinnen der Florettseide geschieht auf dem Flyer. Die Einrichtung desselben in (Fig. 26—28) aus den entsprechenden Darlegungen über die Baumwollspinnerei (Seite 38) bekannt. Hier wie dort besitzt die Maschine noch Streckwerke mit Hechelvorrichtungen. Der Verzug beträgt 12—16. Das Vorgarn erhält, wie bekannt, schwache Drehung.

Als Feinspinnmaschine für Florettseide dienen die Flügelspinnmaschine (Fig. 29), die Ringspinnmaschine (Fig. 30), ferner die Mulejennymaschine (Fig. 56) und der Selfaktor (Fig. 57). Bei jeder Maschine wird der Faden nochmals durch ein Streckwerk geleitet.

Die Bourettegarne.

Die bei der Herstellung der Florettseidengarne sich ergebenden Abfälle, vorzüglich die von der Kämmaschine abgesonderten Kämmlinge führen den Namen Seidenwerg, Stumba und Bourette. Sie bilden den Rohstoff zu einer dritten Sorte von Seidengarnen, die man im Handel mit dem Namen Bourettegarne bezeichnet. Zu ihrer Herstellung bedient man sich Arbeitsverfahren und Maschinen, die teils der Baumwoll-, teils der Woll- teils der Florettspinnerei entlehnt sind. Da dieselben bereits besprochen worden sind, genügt es, auf sie zu verweisen.

Die der Bourettespinnerei überwiesenen Abfälle sind 4—6 cm lang, sehr verwirrt und stark verunreinigt. Sie werden zunächst auf dem Oeffner von Taylor, Lang u. Cie. (Fig. 20) geöffnet, häufig auch auf einer Schlag- und Wickelmaschine (Fig. 21) bearbeitet und in zusammenhängende Decken verwandelt. Darauf folgt das Bearbeiten auf zwei Krempeln. Die eine heisst Reisskrempel, die andere Vorgarnkrempel. Beide Maschinen haben 6 Arbeiter und Wender und arbeiten genau wie die Wollkrempeln. Der vom Peigneur der Vorgarnkrempel abgekämmte Flor wird von einem Riemchenflorteiler zerschnitten und in einem Nitschelapparat zusammengerollt. Das Vorgarn wird auf Ringspinnmaschinen oder auf der Mulejennymaschine oder dem Selfaktor fertig gesponnen. Dies ist die einfachere Art der Herstellung von Bourettegarnen. In anderen Fällen wird der von der Krempel abgelieferte Flor zu einem Band verdichtet und dieses weiterhin nach der Art der Florettspinnerei verarbeitet, also 2—3 mal gestreckt, darauf gekämmt. Auf der Anlegemaschine formt man wieder zusammenhängende Decken aus diesen Bändern. Sie werden wiederum gestreckt. Schliesslich folgt das Vorspinnen auf Flyern und das Feinspinnen auf denselben Maschinen, die in der Florettspinnerei im Gebrauch sind.

Wegen der grossen Menge der in den Stumba enthaltenen Verunreinigungen ist die Ausbeute an Bourettegarn eine verhältnismässig geringe. 100 kg Stumba liefern 20—25 kg Garn.

Die aus Abfallseide hergestellten Garne werden ähnlich wie die Garne aus gehaspelter Seide nachgesehen und gereinigt. Soll der Faden vollkommen glatt sein, so wird er gesengt, d. h. der Wirkung kleiner Gasflammen soweit ausgesetzt, dass die aus dem Fadenkörper seitlich hervortretenden feinen Fasern verbrannt werden, der Faden selbst aber keinen Schaden leidet.

Kunstwolle und sonstige Abfälle.

Mit dem Namen Kunstwolle bezeichnet man einen durch Zerreissen von Garn und Geweben wiedergewonnenen Spinnstoff. Man kann solche Kunsterzeugnisse auch aus baumwollenen, leinenen usw. Waren gewinnen. Früher machte man hiervon keinen oder seltenen Gebrauch, bei dem Mangel an textilen Rohstoffen werden aber jetzt baumwollene, leinene usw. Lumpen in demselben Umfange wie wollene verwertet.

Das Zerreissen der wollenen Abfälle oder Lumpen geschieht auf Maschinen, die den in der Streichgarnspinnerei benutzten Reisswölfen (Fig. 37) ähnlich, aber viel stärker gebaut sind. Der Tambour hat eine weit grössere Umfangsgeschwindigkeit und einen stärkeren Kratzenbeschlag. Bei der Bearbeitung auf der Zerreissmaschine werden die Haare natürlich um so mehr kurz gerissen, je grösseren Widerstand die Abfälle dem Zerreissen entgegensetzen, also je fester die Gewebe sind, von denen die Abfälle herrühren. So kommt es, dass man vorwiegend zwei Sorten von Kunstwolle unterscheidet, Shoddy und Mungo. Erstere stammt von losen Abfällen, Strumpf- und Wirkwaren, Flanellen, Cheviots usw., überhaupt von Stoffen, die eine Walke nicht erfahren haben, oder auf die die Walke wenig Einfluss ausübt. Die Faserlänge der aus diesen Abfällen gewonnenen Kunstwolle ist so gross, dass es zum Verspinnen weiterer Hilfsmittel, insbesondere des Zusatzes längerer gesunder Wolle nicht bedarf. Mungo dagegen ist der kurze Spinnstoff, der durch Zerreissen von stark gewalkten und deshalb verfilzten Stoffabfällen gewonnen wird. Die Haare sind so kurz, dass sie ohne Zusatz längerer Wolle nicht versponnen werden können.

In der Streichgarnspinnerei ist bekanntlich der gewöhnliche Reisswolf (Fig. 37) durch den leistungsfähigeren, aber die Wolle mehr schonenden Krempelwolf (Fig. 39) ersetzt worden. Auch in der Kunstwollfabrikation hat man für die vorhin genannten losen Abfälle statt des gewöhnlichen Kunstwollwolfes eine Maschine eingeführt, die den Spinnstoff mehr schont, infolgedessen eine erheblich längere und wertvollere Kunstwolle liefert. Die Maschine heisst Kunstwollkrempel und arbeitet genau wie eine Krempel, nur hat sie einen groben Kratzenbeschlag aus Sägezahndraht.

Innerhalb der genannten beiden Sorten unterscheidet der Fabrikant wieder eine Anzahl Unterabteilungen in bezug auf die Güte. Besonders ist auch die Färbung der Abfälle und der daraus bereiteten Kunstwolle von Einfluss auf den Preis. Rein weisser Rohstoff ist unter sonst gleichen Umständen wertvoller als gefärbter, weil er sich beliebig färben lässt; hellfarbige Kunstwolle hat den Vorrang vor dunkelfarbiger, weil sie noch viele dunklere Färbungen zulässt. Rein schwarzer Rohstoff kann ohne weitere Färbung zu manchen Zwecken Verwendung finden, während anders gefärbter oder gemischtfarbiger Rohstoff vielfach erst umgefärbt werden muss. Indigoblaue Kunstwolle ist wertvoll wegen der aufsitzenden teuren Farbe und weil sie bei manchen Militärtuchen ohne weiteres Verwendung finden kann. — Ferner ist Kunstwolle aus Abfällen, die kunstwollfrei sind, also beispielsweise aus reinen Kammgarnstoffen, naturgemäss wertvoller als solche aus Lumpen, die schon Kunstwolle enthielten.

Eine besondere Behandlung verlangen die halbwollenen Abfälle. Die in ihnen enthaltene Baumwolle muss vor der Verarbeitung zu Kunstwolle herausgeschafft werden. Es ist dies nötig, weil die Baumwolle bei nachfolgendem Färben der unter Zusatz baumwollhaltiger Kunstwolle hergestellten Waren Schwierigkeit bereiten würde, insbesondere aber, weil die Wollstoffe vielfach im Stück karbonisiert werden. Hierbei würde die Baumwolle verschwinden und deshalb die Ware zu leicht werden können. Die Entfernung der pflanzlichen Bestandteile aus halbwollenen Abfällen erfolgt auf dem einzig möglichen Wege durch das Karbonisieren. Früher karbonisierte man in der Kunstwollfabrikation allgemein mit Schwefelsäure, heute benutzt man gasförmige Salzsäure.

Vor dem Zerreissen auf dem Kunstwolf oder auf der Kunstwollkrempel werden die Lumpen eingefettet. Das Verfahren stimmt mit dem Einfetten der Wolle überein. Die in den Handel gebrachte Kunstwolle ist deshalb stets fetthaltig. In neuerer Zeit werden, um die Kosten des Einfettens zu sparen, Shoddylumpen vielfach auch nass gerissen, d. h. man tränkt sie vor der Bearbeitung auf dem Wolf oder auf der Kunstwollkrempel bloss mit Wasser.

Im Anschluss an die Kunstwolle ist auch die Verwertung der in der Spinnerei und Weberei sich ergebenden Fadenabfälle, der Enden zu erwähnen. Sie gehen zu neuer Verarbeitung in die Spinnerei zurück, müssen aber vorher zerfasert werden. Hierzu dient eine besondere Maschine, E n d e n ö f f n e r genannt, die ähnlich einer Kunstwollkrempel eingerichtet ist und wie diese einen Kratzenbeschlag aus Sägezahndraht besitzt. Die Verwertung der Enden ist natürlich in jedem Zweige der Textilindustrie üblich.

Die Herstellung von Garnen aus Holzzellstoff.

Auf die Bedeutung, die die Verwendung von Holzzellstoff erhalten hat, ist bereits S. 18 hingewiesen worden. Der Holzzellstoff kann entweder auf chemischem oder mechanischem Wege verwertet werden. Die erstere Verarbeitung, bei der es sich um die Gewinnung von Kunstseide und Stapelfasergarn handelt, ist S. 28 und 30 beschrieben worden.

Die mechanische Verarbeitung kann trocken und nass vorgenommen werden. Will man auf trockenem Wege ein Garn erzeugen, so muss man den Zellstoff mit Textilfasern (Baumwolle, Wolle usw.) mischen und kann dann die Mischung in üblicher Weise durch Krempeln, Strecken, Vorspinnen und Feinspinnen verarbeiten. Allein lässt sich Zellstoff nicht verspinnen, weil die Fasern zu kurz sind. Sie haben nur eine Länge von 2—3 mm. Für die innige Mischung des Zellstoffs mit den Textilfasern ist es wichtig, dass die Zellstoffabrik den Rohstoff so liefert, dass sich die Fasern leicht voneinander lösen lassen. Bei der üblichen Pappform ist dies nicht der Fall. Die Pappe lässt sich nur in kleine Klumpen oder Fetzen zerlegen, die aus Zusammenballungen mehrerer Fasern bestehen. Es gibt verschiedene Verfahren, um der Pappe ein lockeres Gefüge zu geben. Das auf diesem Wege gewonnene Garn wird technologisch am besten als Zellstoff-Mischgarn bezeichnet. Es wird aber meist Scherbak-Garn genannt, nach dem Direktor der Gesellschaft, die sich um die Aufnahme dieser Garnerzeugung bemüht.

Bei der nassen Verarbeitung werden aus dem Zellstoff zunächst Faserbänder hergestellt, die durch Drehen um ihre Längsachse zu Fäden gerundet werden. Bei der Erzeugung der Faserbänder geht man wie bei der Papiererzeugung vor. Man verwandelt die Fasermenge unter Zusatz von Wasser und, wenn nötig auch Klebstoff, in einen Brei (Papierstoff). Dieser Brei wird entweder vollkommen getrocknet, also in Papier verwandelt, worauf das Papier in schmale Bänder der Länge nach zerschnitten wird, oder es wird der Brei in Bänder zerlegt, die im halbgetrockneten Zustande zum Faden gerundet werden. Technologisch unterscheidet man hiernach: Papiergarn und Papierstoffgarn. Das erstere wird auch Xylolose und das letztere Silvalin genannt.

Bei der Erzeugung des Papierstoffgarns wird der Faserbrei z. B. gegen ein Rundsieb geleitet, das mit Metallstreifen so verlötet ist, dass zwischen ihnen Siebringe entstehen. Die Fasern bleiben auf den Siebringen hängen und werden von den Metallstreifen abgespült. Die entstandenen Faserbänder werden an ein Filztuch abgegeben, gelangen zu einem zweiten Filztuch und werden auf einem geheizten Zylinder halb getrocknet. Der Zylinder liefert die Bänder an Nitschelwerke ab, die sie in Vorgarnfäden verwandeln. Feste Drehung erhalten die Vorgarnfäden auf Flügel- und Ringspinnmaschinen. Zur Verbilligung des beschriebenen Verfahrens hat man die langsam arbeitenden Nitschelwerke beseitigt und wickelt die halbtrockenen Bänder in Rollenform auf. Von dieser werden die Bänder sofort wieder abgezogen und durch Drehen um ihre Achse gerundet. Zur Erleichterung des Zusammendrehens werden die Bänder zuvor auf besonderen Maschinen der Länge nach gefaltet. Es sind Bestrebungen im Gange, das langsam arbeitende Rundsieb durch das leistungsfähigere Langsieb zu ersetzen. Die auf diese Weise gewonnenen Garne kommen neuerdings als Zellulongarn in den Handel.

Es gibt auch noch andere Verfahren, um den Faserbrei in Bänder zu zerlegen.

Die für das Papiergarn erforderlichen Bänder werden mittels metallener Rundmesser aus der Papierbahn zurechtgeschnitten. Es kommt entweder ein Satz von Rundmessern zur Anwendung, die in die gespannte Papierbahn einschneiden, worauf die entstandenen Bänder unmittelbar nebeneinander aufgewickelt werden (Druckschnitt). Oder es werden zwei Sätze von Messern benutzt, zwischen denen die Papierbahn hindurchläuft (Scheerenschnitt). Häufig besteht ein Messersatz aus einer Walze mit Nuten, deren Kanten als Gegenmesser wirken. Zum Drehen der Bänder werden Flyer, Flügel- und Ringspinnmaschinen benutzt, oder es kommen Sondermaschinen, Tellermaschinen, zur Anwendung. Hierbei liegt die Bandrolle auf einem wagerechten Teller, der sich um seine Achse dreht, während das Band in senkrechter Richtung nach oben abgezogen wird. Die Bänder müssen vor dem Drehen gefeuchtet werden, damit sie sich leichter zusammendrehen lassen. Das Befeuchten muss sehr gleichmässig geschehen und der Grad der Befeuchtung richtet sich nach der Papiersorte und der Grösse der Garndrehung.

Papierstoff- und Papiergarne stehen hinsichtlich ihrer Haltbarkeit und Wasserbeständigkeit weit gegen Textilfasergarnen zurück. Sie sind auch härter und glatter wie sie. Die Wasserbeständigkeit kann man durch Imprägnieren oder Behandeln mit wasserabstossenden Mitteln und die Härte durch Entleimen der fertigen Garne verbessern. Auch die Glätte lässt sich verringern, wenn man die Papierbahn vor dem Zerschneiden mit einem Flor von Textilfasern belegt (Textilose) oder die Bänder mit einem Vorgarnfaden aus Textilfasern zusammendreht (Textilit und Depa-Garn). Aber die Haltbarkeit lässt sich nicht vermehren. Sie ist beim Papiergarn geringer als das Band, aus dem es erzeugt wurde, weil das Band beim Zusammendrehen mehr oder weniger wässerig wird. Gewebe aus Papiergarn, die mehrfach gewaschen werden sollen, können nicht imprägniert werden. Deshalb muss beim Waschen mit besonderer Sorgfalt vorgegangen werden. Im nassen Zustande zerreissen sie sehr leicht. Sie dürfen nicht gekocht, nicht geknetet und nicht ausgewrungen werden. Das Papierstoffgarn ist hinsichtlich der Haltbarkeit und Waschbarkeit etwas höher als das Papiergarn zu bewerten.

Melierte Garne. Kunstgarne. Zwirne. Kunstzwirne.

Die gewöhnlichen Spinnverfahren liefern einen einfachen, glatten und einfarbigen Faden. Will man einen festeren Faden erhalten, so werden mehrere Fäden vereinigt. Will man den Faden verzieren, so kann es durch besondere Farbwirkungen oder andere Gestaltung geschehen. Man unterscheidet hierbei: Melierte Garne, Kunstgarne oder verzierte Garne, Zwirne und Kunstzwirne.

a) Melierte Garne.

Meliertes Garn nennt man ein Gespinst, das aus verschiedenfarbigen Rohstoffen hergestellt wird. Hierbei ergeben sich Farbentöne, die sich durch die Färberei allein nicht herstellen lassen. Darin liegt der Wert des Verfahrens. Melierte Garne lassen sich aus jedem Rohstoff herstellen, jedoch haben sie für die Wollspinnerei, und zwar insbesondere für die Streichgarnspinnerei, besondere Bedeutung.

Der Streichgarnspinner stellt melierte Garne stets in der Weise her, dass er verschiedenfarbige Wollen in dem beabsichtigten Verhältnis mischt und gemeinsam verarbeitet. Hierbei heisst die Farbe, die in grösserer Menge angewandt wird, die Grundfarbe, die andere die Stichfarbe. Die Herstellung von tadellosem meliertem Garn wird nun um so schwieriger, je geringer der Prozentsatz der Stichfarbe ist, weil es schwierig ist, die geringe Menge der Stichfarbe in der Grundfarbe gleichmässig zu verteilen. Die Stichfarbe muss deshalb vor dem Mischen zunächst sorgfältig geöffnet und aufgelöst werden. Sie darf ferner nicht feiner als die Grundfarbe und endlich nicht zu lang sein. Ist sie feiner als die zur Grundfarbe verwandte Wolle, so versteckt sie sich im Faden und Gewebe unter letzterer, und die beabsichtigte Wirkung tritt nicht ein. Lange Wolle als Stichfarbe gibt dem Garn leicht ein zwirniges Aussehen, und dies um so mehr, je kleiner der Prozentsatz der Stichfarbe ist. Man ist deshalb gezwungen, wenn man keine zur Stichfarbe geeignete kurze Wolle zur Verfügung hat, längere Wolle nach Bedarf ein oder mehrere Male vorzukrempeln, d. h. durch eine Reisskrempel gehen zu lassen und sie dadurch kurz zu reissen.

Sollen mehrere Farben als Stichfarben zugesetzt werden, so muss man jede Farbe für sich vorkrempeln, weil sonst die verschiedenen Farben sich mischen und eine gemischte Stichfarbe liefern. Andererseits soll die Stichfarbe gesund und kräftig sein, möglichst viel Elastizität und natürlichen Glanz besitzen. Dies bewirkt, dass sie mit besonderer Klarheit und Deutlichkeit aus der Grundfarbe hervorsticht und zur Wirkung kommt. Nicht geeignet insbesondere zu weissen Stichfarben sind dagegen Gerberwollen, weil sie hart und glanzlos sind, Sterblingswollen, weil sie weder Glanz noch Elastizität besitzen, karbonisierte Wollen, weil sie keine schön weisse Färbung haben, endlich Kämmlinge wegen der vielen in ihnen enthaltenen Knötchen.

Es ist zweckmässig, schon beim Herrichten des Spinnguts, also beim Zusammenschütten der Wollen, das beabsichtigte Mischungsverhältnis möglichst zu berücksichtigen, d. h. Grundfarbe und Stichfarbe in kleineren Mengen in dem vorgeschriebenen Verhältnis aufeinanderzuschichten. Man muss, wie man zu sagen pflegt, schon auf dem aufgeschütteten Wollhaufen das Mischungsverhältnis annähernd erkennen können. Das Wollgemenge wird sodann auf dem Melierwolf (Fig. 40) bearbeitet. Hierbei ist daran zu denken, dass die Maschine einen starken Luftstrom erzeugt, der die Wolle mitnimmt. Da nun die vorgekrempelte Stichfarbe kürzer und infolgedessen leichter ist, als die Grundfarbe, so liegt Gefahr vor, dass der Luftstrom die Stichfarbe weiter mitnimmt, also neuerdings eine Entmischung des Spinnguts bewirkt. Man hat deshalb entweder das weite Herausfliegen der Wolle aus der Maschine zu verhüten oder die herausfliegende Wolle sofort wieder durcheinanderzuarbeiten.

Es ist ferner ratsam, die von der Reisskrempel erzeugten Decken in grösserer Anzahl bei der folgenden Krempel zu vereinigen und zu kreuzen. Dadurch werden etwa noch vorhandene Ungleichmässigkeiten beseitigt. Im übrigen bietet das Vor- und Feinspinnen melierter Garne keine Verschiedenheiten gegenüber der gewöhnlichen Streichgarnspinnerei.

Bezüglich der Wahl der Wolle zu melierten Garnen unterscheidet man zunächst zwischen grobhaarigen und feinhaarigen Melangen und innerhalb jeder Gruppe wieder zwischen solchen aus teurer und minderwertiger Wolle. Grobhaarige Melangen aus besserer Wolle sind Gemische aus verschiedenfarbigen Crossbredwollen, die zu melierten Cheviotstoffen verarbeitet werden. Bei ihnen ist besonders darauf zu achten, dass die Stichfarbe nicht feiner ist als die Grundfarbe. Grobhaarige Melangen aus billiger Wolle werden aus grobhaarigen Shoddies, Kämmlingen und sonstigen Abfällen hergestellt, denen eine grössere oder geringere Menge gesunder Wolle zugesetzt wird. Die feinhaarigen Melangen aus billiger Wolle sind die gegenwärtig so ausserordentlich verbreiteten Mischungen aus kurzer Kunstwolle und gesunder Wolle. Letztere dient hierbei wesentlich als Bindemittel, da die kurzfaserige Kunstwolle allein sich nicht spinnen lässt. Es ist deshalb zweckmässig, hierzu eine lange und kräftige Wolle zu nehmen. Tatsächlich aber wird vielfach minderwertige Gerberwolle verwandt, obschon diese wegen ihrer Härte und Sprödigkeit wenig geeignet ist, die kurze Kunstwolle zu umschlingen und festzuhalten.

Bei den feinhaarigen Melangen aus guter Wolle handelt es sich besonders um die Wahl einer geeigneten Stichfarbe. Man benutzt zu ihr feine deutsche, russische, galizische und namentlich australische Wollen. Insbesondere sind die Lammwollen für diesen Zweck wegen ihrer rein weissen Färbung, ihres natürlichen Glanzes und wegen ihrer Elastizität geeignet und gesucht.

Bei der Herstellung melierter Baumwollgarne finden die vorstehenden Bemerkungen sinngemässe Anwendung.

Der K a m m g a r n s p i n n e r muss davon Abstand nehmen, seine Wolle vor dem Spinnen zu färben. Das stundenlange Kochen der Wolle beim Beizen und Ausfärben macht dieselbe in hohem Grade verstrickt und verfilzt. Um sie zu öffnen, ist eine kräftige Bearbeitung auf dem Reisswolf oder Krempelwolf erforderlich. Hierbei wird die Wolle kürzer. Die Länge des Haares aber ist für den Kammgarnspinner die wertvollste Eigenschaft. Er kann deshalb keine melierten Garne aus verschiedenfarbiger Wolle herstellen. Will er melierte Garne spinnen, so färbt er den Kammzug und doubliert und streckt verschiedenfarbige Bänder auf den Streckmaschinen. Das so erzeugte Garn hat indessen niemals das eigentümliche Aussehen, das melierte Streichgarne zeigen. Dagegen gibt es ein seit längerer Zeit in Aufnahme gekommenes Verfahren, durch das melierte Kammgarne hergestellt werden, die genau so aussehen, als seien sie aus gemischtfarbigen Wollen gesponnen. Es besteht dies darin, dass man Kammzugbänder in Abständen farbig bedruckt und diese Bänder nachher auf der Streckmaschine auszieht. Es tritt dabei eine vollständige Farbenmischung ein. Fig. 77 enthält die bildliche Darstellung zweier Kammzugbänder, von denen das eine bedruckt, das zweite bedruckt und etwas gestreckt ist. Die beginnende Farbenmischung ist an letzterem deutlich zu erkennen. Die auf diese Weise hergestellten melierten Kammgarne heissen nach dem Erfinder des Verfahrens Vigoureux-Garne.

Fig. 77.

b) Kunstgarne oder verzierte Garne.

Bei den Kunstgarnen oder verzierten Garnen (Effektgarnen) unterscheidet man: Krimmer- und Kräuselgarn,
Flammgarn,
Noppengarn,
Metallisiertes Garn,
Bayko-Garn.

Krimmer- oder Kräuselgarne. Mehrere Wollgarne werden mit harter Drehung gezwirnt, gekocht, getrocknet und wieder auseinandergedreht. Durch die scharfe Drehung werden die Einzelfäden gekräuselt, in welchem Zustand sie durch das Kochen dauernd erhalten werden. Oder es wird Wollgarn feucht gemacht und in Schraubengangwindungen auf ein geheiztes Rohr aufgewickelt, dann getrocknet und vom Rohr abgeschoben. Auch hier werden die Kräuselungen durch die Einwirkung der Hitze festgelegt. Nach einem dritten Verfahren wird Wollgarn verstrickt; das erhaltene Maschengebilde wird gekocht, worauf es wieder aufgezogen wird. Die Kräuselung wird hier durch die Maschenbildung erreicht.

Flammgarne. Flammgarne oder geflammte Garne nennt man Garne, die in bestimmten regelmässigen Zwischenräumen in der Längsrichtung einen Farbenwechsel zeigen. Diesen Farbenwechsel kann man sowohl durch Bedrucken des Fadens als auch durch Färben herstellen. Ersteres ist die gewöhnliche Art und liefert ein geflammtes Garn, bei dem die Farben an den Wechselstellen scharf abgegrenzt sind. Bei der Herstellung von geflammtem Garn durch Färberei sind wesentlich zwei Verfahren in Gebrauch. Das eine, das besonders von den Strumpfgarnfabrikanten angewandt wird, besteht darin, dass man die Garnstränge soweit in die Farbflotten einhängt, als sie eine bestimmte Färbung erhalten sollen, und die verschiedenen Teile der Stränge in so vielen verschiedenen Bädern behandelt, als Farbtöne verlangt werden. Hierbei ist Vorsicht anzuwenden, dass die Farben an den Wechselstellen nicht ineinander übergreifen. Beim zweiten Verfahren wird der Strang an den Stellen, an denen die Farbflotte eines Bades nicht wirken soll, scharf unterbunden (Fig. 78). Statt die Stränge zu unterbinden, klemmt man sie auch wohl zwischen kupferne Rahmen und bringt sie mit diesen in das Färbebad. In der Wollspinnerei ist vielfach versucht worden, durch passende Vereinigung von verschiedenfarbigem Material geflammtes Garn zu erzeugen. Das Verfahren ist aber naturgemäss unvollkommen. Der Farbenwechsel ist niemals scharf und bestimmt; meistens sind die Farben unrein, das Aussehen des Garnes ist mehr ein meliertes als ein flammiges.

Fig. 78.

Noppengarne. Noppengarne werden ausschliesslich in der Streichgarnspinnerei hergestellt und entstehen dadurch, dass man dem Faden noppenartige Gebilde einverleibt, die durch Färbung oder auch durch Wulste von dem übrigen Fadenkörper sich abheben. Die Noppen bestehen aus Wolle oder aus Seidenabfällen. Bei der Herstellung solcher Garne kommen zwei Rücksichten in Frage, die sich entgegenstehen. Man will einerseits die Noppen dem Faden möglichst fest einverleiben, und dazu ist es am besten, die Noppen schon unter das Spinngut zu mischen, aus dem das Garn hergestellt werden soll. Andererseits sollen die Noppen tunlichst unaufgelöst und unversehrt bleiben, und dazu ist zweckmässig, sie dem Krempelprozess möglichst zu entziehen, also sie tunlichst spät zuzusetzen. So kommt es, dass man beim Mischen der Noppen mit dem Spinngut die drei Krempeln des Assortiments möglichst lose einstellen muss, um die Noppen nicht zu vernichten, dafür aber schlechtes Garn erhält, oder aber, dass man die Noppen erst auf dem Speisetisch der Continue zugibt, oder sie auf den Peigneur oder gar auf den vom Peigneur abgekämmten Flor aufstreut. Dabei muss man in den Kauf nehmen, dass die Noppen dem Faden weniger fest einverleibt werden. Beim Feinspinnen von Noppengarn ist zu beachten, dass die Noppe als Fremdkörper in dem Faden leicht einen Fadenbruch verursacht. Man kann deshalb den Faden nicht so stark ausziehen und ihn auch nicht so fest drehen, wie beim gewöhnlichen Spinnverfahren.

Die zur Herstellung von Noppengarn dienenden Noppen sind entweder die Wollbällchen, die als Auswurf des Klettenwolfes gewonnen werden, oder man stellt sie eigens auf einer Krempel her, indem man bei ihr die Arbeiter weiter vom Tambour abstellt und den Volant langsamer laufen lässt. Als Noppen benutzt man auch Fadenstücke von 1—2 cm Länge.

Als metallisierte Garne bezeichnet man Garne aus tierischem oder pflanzlichem Rohstoff, auf dem auf galvanischem Wege ein Metallniederschlag angebracht wurde. Die Herstellung eines solchen Niederschlages mit Hilfe des elektrischen Stromes bietet keine Schwierigkeit, sobald das Garn oder die Fasern desselben stromleitend gemacht worden sind. Um dies zu erreichen, tränkt man das Garn mit einer wässerigen Lösung von salpetersaurem Silber (Höllenstein) und setzt es alsdann der Einwirkung entweder von Schwefelwasserstoffgas oder von Phosphorwasserstoffgas aus. Im ersteren Falle bildet sich auf den Fasern des Garnes festes Schwefelsilber, im letzteren ein feiner Ueberzug von metallischem Silber. Beide Körper leiten den elektrischen Strom. Das so vorbereitete Garn kann somit in den bekannten Bädern galvanisch vergoldet, versilbert usw. werden.

Beim Bayko-Garn wird Metallglanz dadurch erreicht, dass Textilfäden mit einer Lösung von Zelluloseacetat in Mischung mit Metallbronze oder -Pulver behandelt werden. Zum Schluss werden die getrockneten Fäden poliert, gepresst, geriffelt usw. Durch Zusatz von Farbstoffen können verschiedene Bronzelösungen erzeugt werden.

c. Zwirne.

Zwirne oder gezwirnte Garne entstehen dadurch, dass man zwei oder mehrere einfache Fäden parallel nebeneinanderlegt und um die gemeinsame Achse dreht. Der Zwirn heisst zweifach, dreifach usw., je nachdem zwei, drei und mehr einfache Fäden zu ihm vereint wurden. Man unterscheidet ein Zwirnen mit Auf- und mit Zudrehung. Im ersteren Falle laufen die Zwirndrehungen entgegengesetzt zu den Drehungen der zum Zwirn vereinigten einfachen Fäden, im letzteren gehen beide Drehungen nach derselben Richtung. Nun wird bekanntlich ein Faden um so härter, je stärker er gedreht wird. Zwirnen wir deshalb mit Zudrehung, so erhöht sich die Härte der einfachen Fäden, und der Zwirn erhält ein mageres Aussehen. Beim Zwirnen mit Aufdrehung wird die ursprüngliche Fadendrehung vermindert, die einfachen Fäden werden dadurch weich, können sich leicht und vollständig umeinander legen und liefern deshalb einen vollen, gleichmässig runden und verhältnismässig weichen Zwirn. Es ist deshalb zweckmässig und meistens üblich, den Zwirn mit Aufdrehung der einfachen Fäden herzustellen.

Die Zwecke, zu denen Zwirne hergestellt werden, sind verschiedene. Aus den Darlegungen über die verschiedenen Spinnverfahren ist ersichtlich, dass ein Faden allgemein um so gleichmässiger wird, je feiner er gesponnen, d. h. je stärker er beim Spinnen ausgezogen wird. Wo deshalb dickeres und doch durchaus gleichmässiges Garn nötig ist, schlägt man den sicheren, wenn auch umständlichen Weg ein, feineres Garn zu spinnen und aus diesem durch Zwirnen das dickere Garn zu gewinnen. In anderen Fällen zwirnt man, um einen an sich schwachen oder sonstwie wenig haltbaren Faden zu kräftigen. So zwirnt man Webgarne aus kurzem Rohstoff, Kunstwolle usw., mit sehr feinen, aber starken Baumwollfäden, um dem Hauptfaden die nötige Widerstandsfähigkeit beim Verarbeiten zu geben. Das Zwirnen bietet ferner ein bequemes Mittel, um Reste verschiedener Garne vereint aufzubrauchen. Endlich zwirnt man zu dem Zwecke, durch Vereinigung von verschiedenfarbigem oder sonstwie verschiedenartigem Garn Verzierungen zu erzielen.

Das Zwirnen ist, da es weiter nichts erfordert, als ein Fadenbündel um die gemeinsame Achse zu drehen, eine sehr einfache Verrichtung und kann mit jeder Vorrichtung vorgenommen werden, die zur Fadendrehung geeignet ist, insbesondere also auf jeder Feinspinnmaschine. Tatsächlich wurde früher auch auf den verschiedenen Feinspinnmaschinen gezwirnt. Die leistungsfähigste Feinspinnmaschine ist nun unzweifelhaft die Ringspinnmaschine (Fig. 30). Aus diesem Grunde sind die neueren Zwirnmaschinen alle nach dem Grundsatz der Ringspinnmaschine gebaut. Die Streckwerke fehlen, da beim Zwirnen ein Ausziehen der Fäden nicht möglich ist. Dagegen besitzen die Zwirnmaschinen eine Vorrichtung, die bei eintretendem Fadenbruch sofort abstellt. An der Feinspinnmaschine ist sie nicht vorhanden und nicht erforderlich, da hier beim Bruch eines Fadens die Spindel den Faden nicht weiter dreht und die aufsitzende Spule ihn nicht wickelt. Die Zwirnmaschine arbeitet aber weiter wenn einer der zu zwirnenden Fäden reisst. Es entstehen fehlerhafte Stellen, die unter Umständen, grosse Ausdehnung annehmen und das Erzeugnis vollständig unbrauchbar machen können. Die in Rede stehende Abstellvorrichtung heisst Fadenwächter und ist in Fig. 79 und 80 dargestellt. Fig. 79 zeigt den Fadenwächter beim regelmässigen Betrieb, Fig. 80 nach eingetretenem Fadenbruch. Die von den Spulen kommenden einfachen Fäden k gehen durch Oesen p, a und b. Zwischen a und b befinden sich die Führungswalzen l und f, die das Garn von den Spulen abziehen und weitergeben. Stehen diese Walzen still, oder werden sie voneinander entfernt, so hört die Garn-

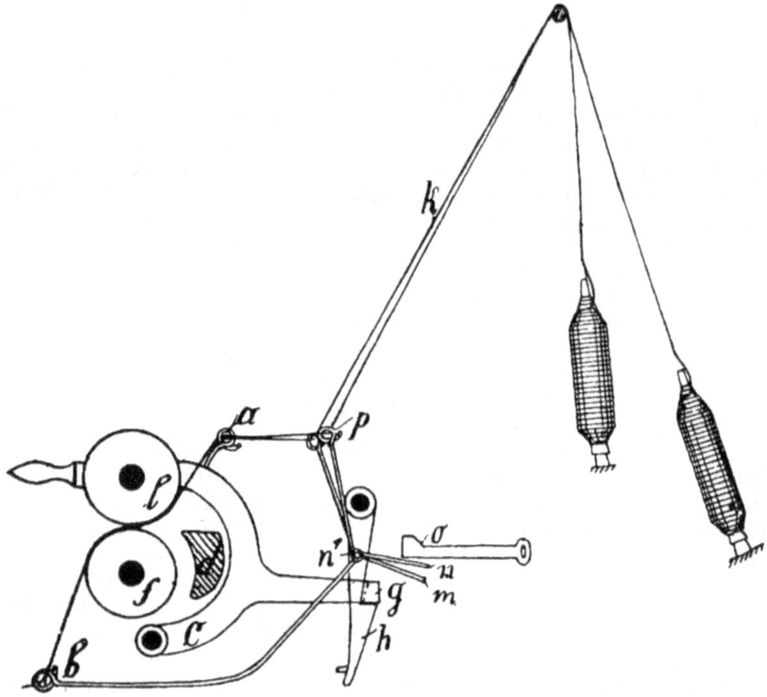

Fig. 79. Fadenwächter für Zwirnmaschinen.

lieferung und damit auch die weitere Zwirnbildung auf. Die Druckwalze l ist nun in dem oberen Teil eines gekrümmten Hebels gelagert, der seinen Drehpunkt in c hat. Der gekrümmte Hebel besitzt das Ansatzstück g, das beim regelmässigen Arbeiten der Maschine auf dem Ausschnitt der Klinke h ruht. Die Oesen p bilden die Endpunkte der oberen Arme von Winkelhebeln p n^1 m und p n^1 n, deren Drehpunkte n^1 in der Klinke h liegen. Der Riegel o wird durch einen Exzenter nach rechts und links bewegt. Die Fäden k halten die Oesen p und damit die Winkelhebel in einer solchen Stellung, dass der Riegel o bei seiner schwingenden Bewegung über die Hebelarme n^1 n bzw. n^1 m hinweggeht.

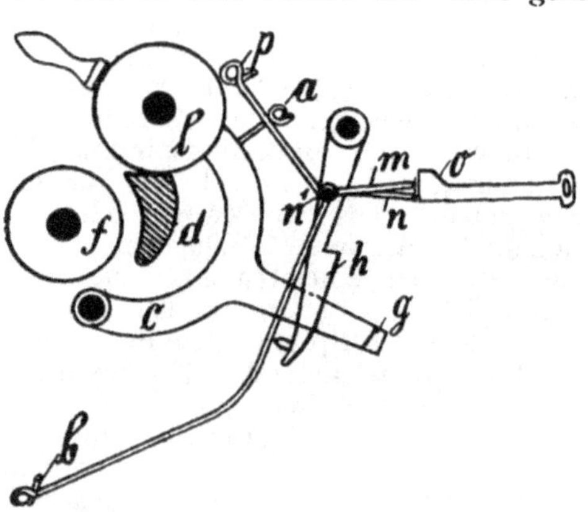

Fig. 80. Fadenwächter für Zwirnmaschinen.

Reisst aber ein Faden k, so bewegt sich der zugehörige Hebelarm p n^1 nach rechts, der andere Arm des betreffenden Winkelhebels geht aufwärts und wird beim nächsten Hub des

Riegels o nach links gestossen. Damit verlässt der Ausschnitt der Klinke h den Ansatz g. Der die Rolle l tragende krumme Hebel dreht sich um c und die Rolle l kommt in die Lage von Fig. 80. Damit hört die Garnlieferung und Zwirnbildung auf. Der an der Rolle l befestigte Handgriff dient dazu, nach Wiederanknüpfung des zerrissenen Fadens die Vorrichtung wieder in die Stellung von Fig. 79 zu bringen. Es gibt verschiedene Ausführungsarten von Fadenwächtern, sie beruhen aber alle auf dem vorhin dargelegten Gedanken.

d) Kunstzwirne.

Wie schon erwähnt, dient das Zwirnen auch dazu, Verzierungen hervorzubringen. Man unterscheidet hierbei:

Kern- oder Seelengarn,
Knotengarn,
Schlingengarn,
Phantasiegarn.

Kern- oder Seelengarn. Hierbei befindet sich im Innern ein Textilfaden, der vollkommen gestreckt liegt und dem Zwirn den Halt gibt, er bildet seinen Kern oder seine Seele. Der Kernfaden ist von anderen Fäden umhüllt. Metallumsponnene Fäden werden auf diese Weise erzeugt. Zur Herstellung solcher Garne wird dieselbe Vorrichtung wie für Knotengarn benutzt.

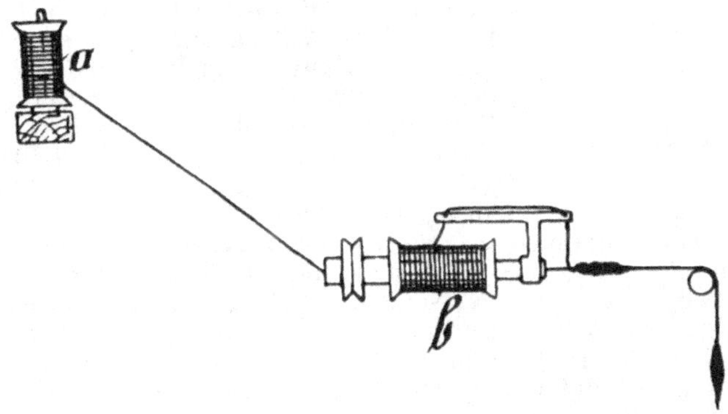

Fig. 81. Vorrichtung zur Herstellung von Knotengarn.

Knotengarn. Knotengarn erhält man, indem man einen gewöhnlichen Faden, der hierbei Grundfaden genannt wird, in bestimmten Zwischenräumen senkrecht zu seiner Achse mit einem zweiten Faden umwickelt und durch diese Umwickelungen knotenartige Anhäufungen bildet. Der knotenbildende Faden heisst Effektfaden. Zwischen den einzelnen Knoten wird der Effektfaden mit dem Grundfaden einfach gezwirnt. Die Herstellung solcher ist mechanisch eine sehr einfache Sache. Es genügt deshalb, von den verschiedenen Vorrichtungen, die zur Erzeugung von Knotengarn geeignet und im Gebrauch sind, den in Fig. 81 dargestellten vorzuführen, weil aus ihm der Grundgedanke leicht erkannt werden kann. Die Spule a enthält den Grundfaden, Spule b den Knoten- oder Effektfaden. b sitzt lose auf einer Hülse, durch die der Grundfaden hindurchgeführt wird. Die Hülse trägt links einen Wirtel zum Antrieb, rechts einen Flügel. Durch zwei Oeffnungen in dem Flügel wird der Effektfaden geführt und bei der Umdrehung der Hülse von der Spule b ab- und auf den Grundfaden aufgewickelt. Der Grundfaden bewegt sich zwischen den Knoten ruckweise vorwärts. Soll Kerngarn hergestellt werden, so geht der Grundfaden stetig vorwärts, wobei die Geschwindigkeit des Flügels so geregelt ist, dass der Effektfaden den Grundfaden in seiner ganzen Ausdehnung umwickelt oder umspinnt.

Schlingengarn. Schlingen- oder Ringelgarn nennt man einen Faden, der in bestimmten Abständen auf seinem Umfange ringförmige Schlingen trägt. Man stellt solches Garn her, indem man beim Zwirnen zweier Fäden den einen rascher laufen lässt, als den anderen. Der erstere liefert alsdann mehr Faden, als zur festen Umschlingung des anderen erforderlich ist, und ist gezwungen, die überschüssige Fadenlänge in Form von schleifenförmigen Ausweitungen unterzubringen. Man unterscheidet auch beim Schlingengarn zwischen Grundfaden und Effektfaden. Letzterer bildet die Schlingen, und man wählt zu ihm zweckmässig gröberen und glänzenden Rohstoff. Die Schlingen werden alsdann schön gerundet und machen sich infolge ihres natürlichen Glanzes besonders bemerkbar. Die Herstellung von Schlingengarnen ist aus der schematischen Darstellung in Fig. 82 ersichtlich. Von den beiden Spulen enthält a den Grundfaden, a_1 den Effektfaden. Das Walzenpaar w_1, das den Effektfaden befördert, läuft schneller, als das Paar w, das den Grundfaden liefert. Unterhalb der beiden Walzenpaare befindet sich die Zwirnvorrichtung. Zweckmässig und gebräuchlich ist, das Schlingengarn noch mit einem dritten feinen Baumwollfaden zur Befestigung der Schlingen zu zwirnen.

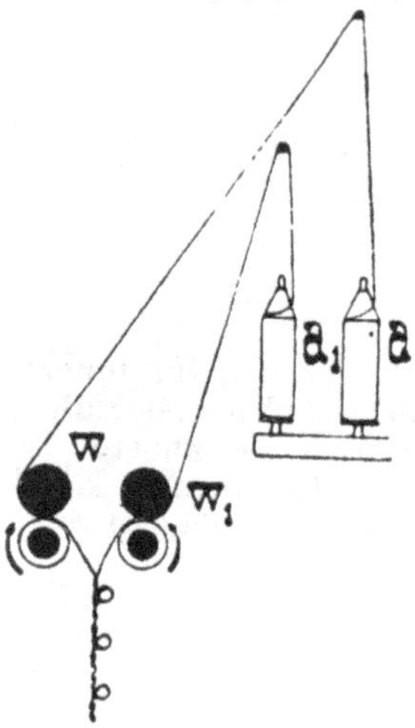

Fig. 82.

Die in dem Vorstehenden besprochenen Kunstgarne und Kunstzwirne enthalten einzelne Gattungen, aber nicht sämtliche Arten von verzierten Garnen. Durch Vereinigung verschiedener Ziergarne oder -zwirne stellt man eine grosse Zahl von Phantasiegarnen her. So zwirnt man Schlingengarne unter sich und erhält dadurch Raupengarne, ferner zwirnt man Noppengarn mit Schlingen- und Knotengarn, Flammgarn mit anderen Effektgarnen usw.

Untersuchung und Berechnung der Garne.

Es handelt sich hierbei wesentlich um die Bestimmung der Natur und Beschaffenheit des Rohstoffs, des Feuchtigkeitsgehaltes, ferner um die Feststellung der Drehungsstärke, des Zerreisswiderstandes und der Garnnummer, endlich um die Umrechnung aus einem Nummerierungssystem in ein anderes.

a) Die Bestimmung des Rohstoffs. Ueber die Natur des Rohstoffs gibt, soweit sie nicht schon durch die Betrachtung mit dem unbewaffneten, für solche Versuche geübtem Auge festgestellt werden kann, die mikroskopische Prüfung zuverlässigen Aufschluss. Die in den Fig. 1—18 und Fig. 65 gegebenen mikrophotographischen Bilder liefern die erforderlichen Hilfsmittel. Zum Erkennen pflanzlicher, tierischer und mineralischer Rohstoffe genügt meistens die Brennprobe. Pflanzliche Rohstoffe verbrennen leicht mit leuchtender Flamme und hinterlassen eine lockere, leicht zerfliegende Asche. Tierische Rohstoffe verbrennen schwer, wobei sich ein merkbarer Geruch nach verbrannten Haaren geltend macht und eine ziemlich feste Asche zurückbleibt. Mineralische Rohstoffe sind unverbrennlich. Baumwolle und Flachs unterscheidet man durch die Reissprobe. Baumwolle reisst leicht, die Reissenden sind kurz, wirr und wollig, Flachs reisst schwer, die Reissenden sind langgestreckt, schlicht und spitzig.

Besteht ein Garn aus gemischtem Rohstoff, so lässt sich das Mengenverhältnis der Bestandteile mit dem Mikroskop nicht erkennen. In einzelnen Fällen, die aber für die Praxis die wichtigsten sind, kann aber die Bestimmung mit aller Sicherheit auf chemischem Wege ausgeführt werden. In der Praxis kommen hauptsächlich folgende Fälle zur Anwendung.

Nachweis pflanzlicher Gespinstfasern in Wollen- und Seidengarnen. Es handelt sich hierbei wesentlich um Wollengarne, die mit Baumwolle oder mit Chinagraskämmlingen versetzt sind, ferner um die Untersuchung halbwollener und halbseidener Stoffe. Die Untersuchung ist einfach und gründet sich darauf, dass tierische Haare und natürliche Seide in kochender 10% Natronlauge rasch in Lösung gehen, während pflanzliche Gespinstfasern erhalten bleiben. Eine sorgfältig abgewogene Garn- oder Gewebeprobe wird 5 Minuten in der Lauge gekocht, der Rückstand wird wiederholt mit reinem Wasser ausgespült, bis er vollständig rein ist, sodann getrocknet und gewogen. Er ist pflanzlicher Gespinststoff. Es ist bei der Untersuchung darauf Rücksicht zu nehmen, dass während der Dauer derselben die Temperatur und die Luftfeuchtigkeit im Untersuchungsraum tunlichst unverändert bleiben, weil sonst der wechselnde Feuchtigkeitsgehalt einen Fehler herbeiführen kann. Besteht der Rückstand aus Baumwolle, so ist sein Gewicht um 2% zu erhöhen weil die rohe Baumwolle soviel an Harz bzw. an Baumwollwachs verliert, (vgl. Seite 5). Das Chinagras verliert in dem Zustande, in welchem es der Fabrikation übergeben wird, durch Kochen in ätzenden Laugen nichts mehr.

Trennung tierischer Haare von Seide. Sehr starke Salzsäure löst natürliche Seide auch in der Kälte in weniger als 1 Minute vollständig auf, während tierische Haare der Flüssigkeit 10 Minuten lang ohne jeden Gewichtsverlust ausgesetzt werden können. Man wird folglich den Seidengehalt eines Garnes leicht durch Eintauchen einer abgewogenen Probe in rauchende kalte Salzsäure, Auswaschen, Trocknen und Wägen des Rückstandes bestimmen können. Die Salzsäure muss mindestens das spez. Gew. 1,16 haben und darf nicht erwärmt werden. Künstliche Seide verhält sich chemischen Einwirkungen gegenüber genau wie eine pflanzliche Gespinstfaser, kann also leicht von natürlicher Seide und von tierischen Haaren unterschieden und getrennt werden.

Bei der Untersuchung ungewaschener Wollengarne ist zu berücksichtigen, dass diese Garne das vor dem Spinnen zugesetzte Oel noch enthalten. Es ist deshalb üblich, bei Wollengarnen vorerst den Waschverlust zu bestimmen. Man kann dies ausführen, indem man eine abgewogene Garnprobe in lauwarmer Seifenlösung wäscht, in reinem Wasser wiederholt ausspült, trocknet und wägt. Einfacher noch ist es, die Garne mit einem fettlösenden Mittel, etwa mit Petroleumäther, auszuziehen. Hierbei wird natürlich nur das Fett ausgezogen, jedoch ist in der Regel der Oelgehalt des Garnes gleich dem Verlust, den das Garn beim Waschen in alkalischen Flüssigkeiten erfährt.

Die Beschaffenheit des Rohstoffs kann natürlich weder auf chemischem noch auf mikroskopischem Wege erkannt werden. Hier muss man den Faden aufdrehen, die Fasern dadurch freilegen und sie einzeln auf ihre Länge, Stärke, Färbung usw. prüfen. Insbesondere ist diese Prüfung von Wert bei der Untersuchung eines Wollengarnes auf einen Gehalt an Kunstwolle.

b) Bestimmung des Feuchtigkeitsgehaltes. Gespinstfasern tierischen und pflanzlichen Ursprunges sind sämtlich hygroskopisch,

d. h. sie nehmen aus der Luft Wasserdampf auf. Die Menge des aufgenommenen Wassers ist nicht immer dieselbe, sie hängt vielmehr von dem jeweiligen Stande der Luftfeuchtigkeit ab, steigt und fällt mit demselben. Erhitzt man einen Faserstoff einige Zeit über 100 ° C, so verliert er das hygroskopische Wasser vollständig.

Für den Händler sowohl wie für den Fabrikanten ist nicht der Wassergehalt des Faserstoffes an sich, sondern der Umstand, dass er bedeutenden Schwankungen unterworfen ist, natürlich von schwerwiegender Bedeutung. Man ist deshalb übereingekommen, bei den meisten Gespinststoffen der Preisberechnung einen mittleren Feuchtigkeitsgehalt zugrunde zu legen. Er beträgt in Prozenten des Trockengewichtes für

Baumwolle und Baumwollgarne	8,5
Leinengarne	12
Jute und Jutegarne	14
Chinagrasgarne	12
Kammgarne	18¼
Wolle, Kämmlinge, Streichgarn, sämtlich gewaschen	17
Seidengarne	11
Baumwollgemischte Wollengarne	10
Seidengemischte Wollengarne	16

Im einzelnen Falle handelt es sich nun darum, festzustellen, ob und um wieviel der Feuchtigkeitsgehalt eines Rohstoffes oder Gespinstes von diesen Normalzahlen abweicht. Man nennt dies das K o n d i t i o n i e r e n. Die Bestimmung geschieht in der Weise, dass man Seide auf 120 ° C, tierische Haare auf 110 ° C, pflanzliches Material auf 105—110 ° C andauernd und zwar so lange erhitzt, bis kein Gewichtsverlust mehr stattfindet. Die an und für sich einfache Arbeit wird dadurch etwas schwierig, dass man die Gewichtsbestimmung vornehmen muss, während sich der Rohstoff im Trockenraum befindet. Wollte man ihn ausserhalb desselben in gewöhnlicher Luft abwägen, so würde er so schnell Feuchtigkeit wieder aufnehmen, dass die genaue Gewichtsermittelung unmöglich wäre.

Die gebräuchlichen Konditioniervorrichtungen haben die in Fig. 83 dargestellte Form. Der zu untersuchende Rohstoff wird in den kupfernen Behälter A gebracht. Für seine Aufnahme dienen bei losem Faserstoff Drahtkörbe, für Garne auf Spulen oder in Strängen besondere Gestelle. Die Aufnahmevorrichtung mit dem Rohstoff hängt an dem einen Arm einer empfindlichen Wage. Nachdem die Wage ins Gleichgewicht gebracht, das Gewicht des eingebrachten Rohstoffs also bestimmt ist, — das Gewicht des Aufnahmegefässes ist bekannt —, wird A von unten geheizt. Gleichzeitig wird der eiserne Schutzmantel B um A geschoben, um Abkühlung von aussen zu verhüten. An dem aus A herausragenden Thermometer wird die Temperatur abgelesen. Nachdem man 1½—2 Stunden bei der vorgeschriebenen Temperatur erwärmt hat, wird der Gewichtsverlust festgestellt. Tritt nach weiterem halbstündigen Erwärmen kein Gewichtsverlust mehr ein, so ist das Verfahren beendet, anderenfalls muss nochmals ½ Stunde erwärmt werden.

c) D r e h u n g s s t ä r k e eines Garnes nennt man die Anzahl der Drehungen, die auf eine bestimmte Fadenlänge kommen. Als Länge nimmt man gewöhnlich 10 cm. Die Drehungszahl wird bestimmt, indem man das betreffende Fadenstück so ausspannt, dass das eine Ende an einer drehbaren Achse befestigt ist. Sie wird solange mit Hilfe einer Kurbel in der der Fadendrehung entgegengesetzten Richtung gedreht, bis die Fasern des Fadens parallel nebeneinander liegen. Die Zahl der hierzu erforderlichen Kurbeldrehungen ist die Drehungsstärke.

d) Festigkeit eines Garnes nennt man den Widerstand des Fadens gegen das Zerreissen. Wie bei jeder absoluten Festigkeit eines Rohstoffs bestimmt man sie, indem man den Faden langsam solange stärker belastet, bis er abreisst. Das Gewicht, das das Abreissen zuwege bringt, dient als Mass für die Festigkeit.

e) Berechnung der Garne. Unter der Feinheit eines Garnes versteht man das Verhältnis der Länge zu dem Gewicht des Fadens. Der Zahlen-

Fig. 83. Konditioniervorrichtung.

wert dieses Verhältnisses heisst die Feinheitsnummer oder kurzweg die Nummer des Garnes. Man kann nun dieses Verhältnis bestimmen, indem man entweder die Fadenlänge eines bestimmten Garngewichtes, oder indem man das Gewicht einer bestimmten Fadenlänge feststellt. Das erstere ist das gebräuchlichere Verfahren, das letztere findet nur Anwendung bei der Numerierung der eigentlichen, d. h. der durch Abhaspeln der Kokons gewonnenen Seide.

Unter der metrischen Nummer eines Garnes versteht man die Zahl der Tausend Meter Fadenlänge, welche auf 1 kg des Garnes gehen. Garn von

Nr. 18, 45, 48,5 ist also solches, von dem 18 000, 15 000, 18 500 m auf 1 kg gehen. Die Fadenlänge wird dabei stets auf 500 m abgerundet. Beträge über 250 m gelten für 500 m, solche unter 250 m bleiben unberücksichtigt. Die allgemeine Einführung der metrischen Garnnumerierung für sämtliche Zweige der Textilindustrie wäre sehr wünschenswert; erreicht ist dieselbe aber bis heute nur für wollene Kammgarne, für Florett- und Bouretteseidengarne sowie für Chinagrasgarne. Für die übrigen Gespinste muss man sich deshalb die besonderen Berechnungsarten merken.

B a u m w o l l g a r n e. Allgemein angewandt ist die englische Numerierung. Die Garnnummer ist die Anzahl der h a n k s , die auf 1 Pfund engl. gehen. Der hank misst 840 yards, also rund 768 m (1 yard = 91,44 cm); 1 Pfund engl. = rund 453,6 g. Um hiernach die englische Baumwollnummer in die metrische umzurechnen, hat man erstere mit $\frac{768}{453,6} = 1,693$ zu multiplizieren. Umgekehrt verwandelt man die metrische in die englische Nummer, indem man erstere mit $\frac{453,6}{768} = 0,59$ multipliziert.

L e i n e n g a r n e, H a n f g a r n e, J u t e g a r n e. Alle drei Garnsorten werden übereinstimmend und zwar nach englischem Mass berechnet. Die Garnnummer ist die Anzahl von c u t s oder l e a s , welche auf 1 Pfund engl. gehen. 1 cut misst 300 yards zu 91,44 cm, also 274,32 m. 1 Pfund engl. = 453,6 g. Zur Umwandlung der englischen Nummern in metrische hat man erstere mit also $\frac{274,32}{453,6} = 0,605$ und um metrische in englische Nummern zu verwandeln, erstere mit $\frac{453,6}{274,32} = 1,651$ zu multiplizieren.

S t r e i c h g a r n e. Wollene Streichgarne werden in den verschiedenen Industriebezirken verschieden berechnet. In den preussischen Bezirken gilt als Garnnummer die Anzahl von S t ü c k e n , die auf 1 Zollpfund = 0,5 kg gehen. Das Stück misst aber in den östlichen Gegenden 2200 Berliner Ellen zu 67,69 cm, also 1460,18 m, im Westen, insbesondere in den rheinischen Spinnereien, 200 brabanter Ellen zu 69,5 cm = 1390 m. In Sachsen nennt man den Strang, der in Preussen 1 Stück heisst, vielfach 1 Z a h l. Die Garnnummer ist demzufolge die Anzahl der „Zahlen", die auf 1 Pfund gehen. Die Zahl misst 2400 Leipziger Ellen zu 56,64 cm = 1359,36 m.

In Oesterreich gilt als Garnnummer die Anzahl der „S t r ä h n e", die auf 1 Wiener Pfund gehen. 1 Strähn = 1760 Wiener Ellen zu 77,75 cm = 1368,4 m. Das Wiener Pfund = 560,06 g.

In England ist die Streichgarnnummer die Anzahl der h a n k s , die auf ein Pfund engl. gehen. 1 hank = 560 yards zu 91,44 cm = 512,06 m. 1 Pfund engl. = 453,6 g. Ebenso rechnet auch Nordamerika.

In Frankreich ist vorwiegend die Numerierung von Elbeuf im Gebrauch. Als Garnnummer gilt die Zahl der q u a r t s , die auf 0,5 kg gehen. 1 quart = ¼ Strang von 3600 m = 900 m.

Die vorstehenden Angaben enthalten die erforderlichen Zahlen, um die Umrechnung der in den einzelnen Industriebezirken gebräuchlichen Nummern in metrische Nummern vornehmen zu können, und umgekehrt. Es ergibt sich aus ihnen, dass man zur Umrechnung in metrische Nummern zu multiplizieren hat:

ostpreussische Nummern mit	$\frac{1467,18}{500}$	rund mit	2,934
rheinische „ „	$\frac{1390}{500}$	„ „	2,78

sächsische Nummern mit $\frac{1359,36}{500}$ rund mit 2,719

österreichische „ „ $\frac{1368,4}{560,06}$ „ „ 2,443

englische „ „ $\frac{512,06}{453,6}$ „ „ 1,129

französische „ „ $\frac{900}{500}$ = „ „ 1,8

Umgekehrt multipliziert man die metrische Nummer zur Umrechnung in

ostpreussische Nummern mit $\frac{500}{1467,18}$ rund mit 0,341

rheinische „ „ $\frac{500}{1390}$ „ „ 0,359

sächsische „ „ $\frac{500}{1359,36}$ „ „ 0,368

österreichische „ „ $\frac{560,06}{1368,4}$ „ „ 0,409

englische „ „ $\frac{453,6}{512,06}$ „ „ 0,885

französische „ „ $\frac{500}{900}$ „ „ 0,555

Gehaspelte Seidengarne. Die Garnnummer ist die Anzahl der déniers, die ein Strang von 500 m wiegt. 1 dénier = 50 mg = 0,05 g. Diese Berechnungsweise wurde durch internationale Uebereinkunft festgesetzt, der dénier zu 50 mg heisst dementsprechend auch internationaler dénier. Früher war und jetzt noch vielfach ist im Handel und in den Seidenkonditionieranstalten der alte dénier zu 0,0531 g im Gebrauch.

Berechnung der Zwirne. Die Nummer eines gezwirnten Garnes lässt sich mit voller Sicherheit und Genauigkeit nur wie beim einfachen Garn durch Versuch, also durch Haspeln eines Stranges von bestimmter Länge und Abwägen desselben feststellen. Meistens aber wird die Zwirnnummer aus den gegebenen Nummern der zu ihm verwandten einfachen Garne berechnet. Die Rechnung liefert nur dann ein richtiges Ergebnis, wenn die einfachen Garne beim Zwirnen ihre Länge nicht verändern, wenn also ohne Eingang und ohne Dehnung gezwirnt wird. Tatsächlich ist das nicht immer der Fall; in der Praxis aber setzt man es bei der Zwirnberechnung voraus, kann dies auch tun, da die Aenderung in der Fadenlänge des gezwirnten Garnes stets nur unerheblich ist.

Haben die zu einem Zwirn vereinigten einfachen Garne dieselbe Nummer, so ist klar, dass die Nummer eines zweifädigen Zwirnes die Hälfte, eines dreifädigen ein Drittel der ursprünglichen Garnnummer sein wird usw. Man gibt in diesem Falle die Zwirnnummer in Bruchform an, z. B. Nr. $^{36}/_{2}$, Nr. $^{72}/_{3}$.

Haben die gezwirnten Garne ungleiche Stärke, so geschieht die Feststellung der Zwirnnummer nach folgender Formel: $x = \frac{n_1 \, n_2}{n_1 + n_2}$, wobei x die Zwirnnummer und n_1 und n_2 die Nummer der einfachen Garne bedeuten. Für einen dreifachen Zwirn würde die Formel lauten: $x = \frac{n_1 \, n_2 \, n_3}{n_1 \, n_2 + n_2 \, n_3 + n_3 \, n_1}$

Der Preis eines Zwirns lässt sich aus den Nummern (n_1 und n_2) und Preisen für das Kilogramm (p_1 und p_2) der einfachen Garne durch folgende Formel berechnen: $x = \frac{p_1 \, n_2 + p_2 \, n_1}{n_1 + n_2}$.

Inhaltsverzeichnis.

(Die Nummern bezeichnen die Seitenzahlen.)

Technische Massnahmen, um den Rückstau des Hochwassers für Wasserkraft-Anlagen unschädlich zu machen. Vortrag, gehalten in der Turbinentechnischen Gesellschaft zu Berlin am 13. März 1909 von **Danckwerts,** Geh. Baurat und Professor für Wasserbau an der technischen Hochschule zu Hannover. Mit 27 Abbildungen. Preis M. 1.—.

Bei Aufstellung von Lohn- und Akkord-Berechnungen, Kalkulationen, hat man enorme Zeitersparnis und die Sicherheit **fehlerloser** Berechnung mit Hilfe des

Rechenhilfsbuch von **G. Schuchardt.** — Vierte Auflage. Jede Multiplikation mit ganzen Zahlen, Bruchteilen von $\frac{1}{4}$, $\frac{1}{2}$, $\frac{3}{4}$ kann ohne weiteres abgelesen werden. **In zahlreichen Betrieben eingeführt!** Preis geb. M. 7.50. Für größere Betriebe unentbehrlich! Durch eine ganz neuartige, geschützte Register-Anordnung vermittelt das Schuchardt'sche Rechenhilfsbuch schnellste Auffindung der gewünschten Zahlen.

Die Chemie in Industrie, Handwerk und Gewerbe von **Joseph Spennrath,** weil. Direktor der gewerblichen Schulen der Stadt Aachen. **Fünfte vermehrte und verbesserte Auflage,** bearbeitet von Dr. **L. Sender.** Ein Lehrbuch zum Gebrauch an Schulen, sowie zum Selbstunterricht.

Preis brosch. M. 4.55, kart. M. 6.55.

Temperaturmessmethoden. Handbuch zum Gebrauch bei praktischen Temperaturmessungen von **Bruno Thieme,** Technischer Physiker. Mit 35 Figuren im Text. Preis brosch. M. 4.60.

Der praktische Heizer und Kesselwärter von **Paul Brauser,** Oberingenieur des Dampfkessel-Revisions-Vereins für den Regierungsbezirk Aachen und **Joseph Spennrath,** weil. Direktor der gewerblichen Schulen der Stadt Aachen. Elfte verbesserte Auflage mit 75 Abbildungen. Preis kart. M. 4.—.

Der praktische Maschinenwärter. Anleitung für Maschinisten und Heizer, sowie zum Unterr. in techn. Schulen. Von **Paul Brauser,** Oberingenieur des Dampfkessel-Revisions-Vereins für den Regierungsbezirk Aachen und **Joseph Spennrath,** weil. Direktor der gewerblichen Schulen der Stadt Aachen. **Siebente verbesserte und vermehrte Auflage.** Mit 38 Abbildungen. Preis kart. M. 1.70.

Mit 10% Teuerungszuschlag.

FSC
www.fsc.org
MIX
Papier | Fördert gute Waldnutzung
FSC® C083411

Zeitfracht Medien GmbH
Ferdinand-Jühlke-Straße 7
99095 Erfurt, Deutschland
produktsicherheit@kolibri360.de